第一章
高定旗袍的场所设备及所使用的材料介绍

　　以前制作服装的老手艺人，可以一把剪刀、一根针走天下。如今的服装场合分类精细，功能作用多类，面料、辅料选材丰富，因此对服装的设计制作要求已远非从前。

　　工欲善其事，必先利其器。随着现代服装工业的快速发展，现代服装制作过程中各类设备和使用工具已经非常先进与完备。从事服装高定的工作，在生产阶段需要准备一个宽敞明亮、设备齐全、整洁有序的制作空间，并把制作间与设计部门放置在一起的话，在设计、样板制图、立裁、制作、排花、修改等步骤上，相关工作人员沟通会更直接方便，以得到问题的快速解决，提高工作效率。

第一节　定制旗袍生产设备介绍

一、缝制设备

　　各类缝制设备是完成裁片缝合的重要工具。常用的有高速电脑缝纫机、四线包缝机、对丝花边机，以及做针织类弹性面料旗袍使用的三针五线绷缝机等。图1-1-1是碧红高定旗袍制作车间场景。

◎ **图1-1-1**　制作车间机械设备

二、裁床及相关物料（图1-1-2）

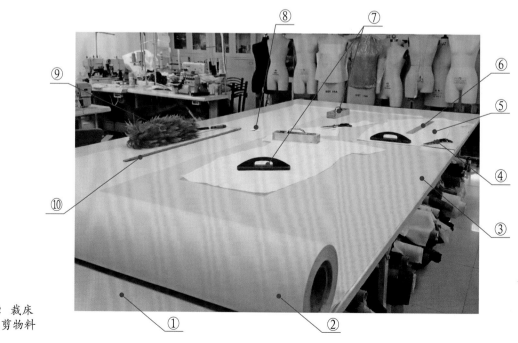

◎ **图1-1-2**　裁床及辅助裁剪物料

① 裁床：用来裁剪面辅料的特制大桌台。裁床的尺寸要求：长度大于240cm、宽度160cm、高度80cm。

② 裁床纸：表面有暗格底纹的再生纸，帮助对正面料丝缕，确保横平竖直。

③ 面料：需要裁剪的面料平铺在裁床纸上，丝缕完全对正，不纬斜、不产生空泡。

④ 裁布用剪刀：裁剪面料用，要定期研磨，以保持锋利，且要和剪纸的刀分开使用。

⑤ 纸样：服装的纸板纸样。

⑥ 放码尺：放缝、尺寸测量、斜裁角度测量等用。

⑦ 压铁（镇纸）：靠重力压住面料的工具，防止面料在剪裁时的挪动。

⑧ 划粉：在面料上轻轻画记号用。如果是真丝缎面的材质最好用针线、记号笔替代，以防止面料表层画过后留下记号无法消除。

⑨ 鸡毛掸：对轻软易滑的料子，在丝缕对正后，用鸡毛掸吹动空气把面料与裁床纸之间的空隙消除掉。

⑩ 米尺：测量用料、对准丝缕用。

第二节　吸风烫台及各类熨烫辅助工具

熨烫技术，作为服装制作的基础工艺和传统技艺，在缝制过程中起着举足轻重的作用，服装行业用"三分缝制七分熨烫"强调熨烫技术在服装缝制全过程中的地位和重要性。从衣料的整理开始，到最后成品的完成，都离不开熨烫，尤其是高档服装的缝制，更需要运用熨烫技艺来保证缝制质量和外观造型的工艺效果。

◎ 图1-1-3　吸风烫台

一、烫台（图1-1-3）

熨烫需要整洁平整的台板，下垫熨烫呢或者压缩硬海绵，上盖一块白棉布，四周固定。制作旗袍使用的烫台一般长120cm、宽80cm、高80cm。烫台带烫臂，有挂杆悬挂吊瓶蒸汽熨斗。烫台带有吸风结构，开启时有强力的冷风，以快速吸干被熨烫物（面料、衣片或服装）上的蒸汽，从而使被熨烫的面料、衣片或服装快速熨烫平整和定型。

二、小型带锅炉的蒸汽熨斗（图1-1-4）

该熨斗蒸汽大，预缩面料、整烫整件服装时定型效果好。

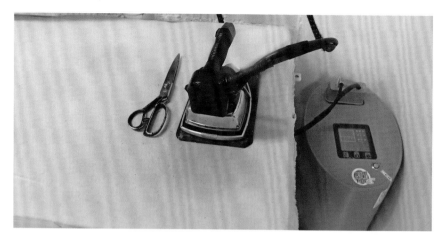

◎ **图1-1-4** 小型带锅炉的蒸汽熨斗

三、烫台上其他熨烫工具和材料（图1-1-5）

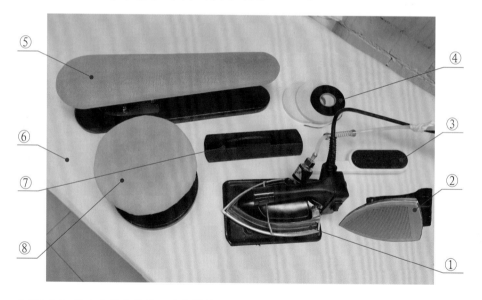

◎ **图1-1-5** 烫台上其他熨烫工具和材料

① 吊瓶蒸汽熨斗：利用吊瓶水流入熨斗加热变水蒸气的原理，在高温高压下对面料或者裁片进行熨平、伸直、弯曲、拉长或者缩短处理用，它是非常重要的制衣工具，为避免真丝面料在熨烫过程中摩擦产生极光，熨斗底下必须套有极光罩。

② 极光罩：铝制镂空的熨斗保护套，其既可以使面料受热均匀，又可防止高温的熨斗底部与面料接触摩擦产生极光。

③ 除尘刷：为保持烫台整洁，台上没有线毛，烫台上常需要用除尘刷来黏去线头、面料碎片等。

④ 各类牵条：有斜丝牵条、带筋牵条和无筋牵条等，其作用是固定裁片的缝头，使其不变形、

不移位，方便拼合。

⑤ 长烫凳：整烫侧缝、领子、袖缝等时用。有独立长烫凳，也有和烫台连在一起的吸风长烫凳。

⑥ 吸风烫台：带锅炉或者吸风器，用来完成整件衣服的整烫。

⑦ 压铁：分缝后压实缝头止口，使分缝处固定、变薄。

⑧ 圆烫凳：整烫胸、腰、臀等有凹凸造型部位时用。

第三节　缝纫使用的各类线

服装制作过程中，线团存放最好能按色、按粗细分区域摆放，这样在缝制时既能快速找到搭配的线号，又能按面料特色进行配色（图1-1-6）。

真丝类的软薄面料常采用丝线、402＃宝塔线（细），毛料、棉麻布、合成纤维等采用602＃宝塔线（粗）。

◎ **图1-1-6**　各类线团的摆放

第四节　各类体型人台及人台辅助填充物

一、各类体型人台

人台在旗袍定制中意义重大，其不仅可以用来检验布片的归拔是否到位；也用来在制作过程中套穿在人台上修剪衣片的弧度细节；而且它还替代了不同体型的人体的第一次的试穿。

旗袍定制使用的人台体型一定要种类多（图1-1-7）。例如少女体A型体型人台、妇女体B型体型人台，以及具有欧美

◎ **图1-1-7**　各类体型人台

人体特点的美式人台等。在这个基础上如果人台还不吻合客户体型，还需要设计师对人台进行填充或改造，确保不同的客户体型都能找到形态合适的人台，用来套穿试衣。

二、人台辅助填充物

当基础人台的部分尺寸与实际人体尺寸不符时，需要使用辅助填充物增大、加宽、填高某些人台部位。填充物有如图1-1-8所示：① 短袖假胳膊；② 假肚子；③ 假手臂；④ 胸垫；⑤ 各类肩垫。

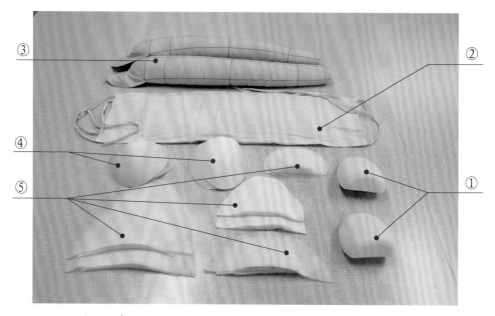

◎ **图1-1-8**　人台辅助填充物

第五节　填充物的使用

填充物用于人体各部位补正，有假肚填充物、胸部填充物、肩部填充物等。

一、　不同凸起部位的调整

假肚子可包裹在人体躯干所需补正的各个位置，如胃凸、腹部凸。可用柔软的白棉布或者白坯布制作而成，净尺寸约为高度18cm×长度80cm的双层长方形，四角做系带。包裹时能包住腰部一周的4/5为好。夹层中间可用柔软的棉花等物做填充。填充时注意边缘薄，中间厚，以模仿人体的隆起部位。）

图1-1-9是胃凸补正图，用于胃凸补正的填充物见图1-1-10。

◎ **图1-1-9**　胃凸补正图

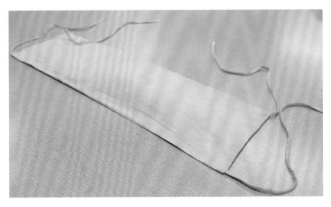

◎ **图1-1-10**　胃凸补正的填充物

二、胸部、肩部的调整（图1-1-11）

对于人体胸高隆起程度不同、胸距不同，可用胸垫来调整，胸垫上移调整人体的胸高较高，胸垫向中心聚拢调整胸距的大小。

对于高低肩和双肩肩宽不同的人体，可用不同厚度的肩棉来调整。

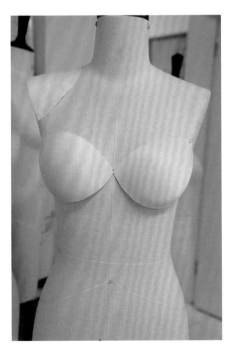

◎ **图1-1-11**　胸部、肩部的调整

第二章
面料的预缩、排料、熨烫和归拔

第一节　面料的预缩

　　旗袍面料种类繁多，天然纤维织物和非天然纤维织物的特性不同，缩水率、耐热性都不一样，因此，面、辅料尤其是毛料和棉、麻、丝等天然纤维织物，在服装缝制前，要下水或者通过喷雾、喷水等熨烫工艺进行预缩处理。同时需烫去折印、皱痕，以得到平整衣料，为排料、画样、裁剪和缝制做好准备。

一、天然织物的预缩

　　棉、麻：下水浸泡（时间15~30min，水温20℃左右），不绞，带水拉平布面，在通风处阴凉处晾至8分干后，再用熨斗熨干。

　　丝：缎面类丝织物过水会失去光泽，适宜高温蒸烫两遍。皱、纱、纺等丝织物可下水后在阴凉处晾干后再喷烫。罗、锦类的也要下水浸泡后在阴凉处晾干、烫平。乔、绒类丝织物不适合下水，可用锅炉高压蒸汽喷透布面预缩。

　　羊毛：大蒸汽喷烫（正反两次）。

　　丝麻、丝毛、丝棉混纺类面料也耐高温喷烫，但是不适合下水预缩。

二、非纯天然织物

　　合成纤维、化纤：怕高温，可以先在面料局部试烫一下再根据试烫效果来决定熨烫的温度，整烫时还要注意熨斗不能过热、过久停在布料上，以免造成布料发亮和局部强缩。缩率大的布料建议采用不直接接触面料而用隔空快速均匀喷缩处理；也可以在布料上覆盖一层棉布进行熨烫预缩，温度可略调高20~30℃。

　　常用面料适宜的熨烫温度见表2-1-1。

表2-1-1　常用面料适宜的熨烫温度

单位：℃

面料名称	喷蒸汽（水）熨烫温度	盖湿布熨烫温度
全毛呢绒	160~180	170~180
混纺呢绒、化纤	140~150	150~160
真丝	120~140	140~160
全棉	150~160	160~180

第二节 旗袍的排料

　　旗袍在设计上具有多变性，素色的面料可通过滚边、镶边、扣型等的设计装饰，花色面料在花纹位置的选择上不同，使得同样的一块料、同样的款式在不同设计师的手里最后呈现的服装效果是不一样的。

　　旗袍在面料选择上也有多种多样，常见的有印花、提花的面料，带图案的面料不光可以起到装饰服装的作用，还能对身材的不足起到一定的修饰。裁剪时面料的对花、对格、对条及花卉图案的排列和布局非常重要。

一、面料的顺毛和倒毛

　　旗袍裁剪中，面料的顺毛和倒毛要注意。这里特别要强调植绒类面料，常见的有乔绒、烂花绒，这类面料在裁剪时绝对不可以倒排料。判断植绒面料的倒顺毛时，需要把面料按丝缕方向拎起来，看颜色是否变深，如果变深而且均匀，就是倒毛，反之颜色变浅而且深浅不匀就是顺毛。剪裁按倒毛方向，倒毛方向裁剪可保证制成的旗袍颜色纯而且深，顺毛裁剪制成的旗袍绒面会发白反光。图2-2-1为丝绒面料顺毛和倒毛示意图。深色丝绒的倒顺毛对比更为强烈。

① 深色丝绒

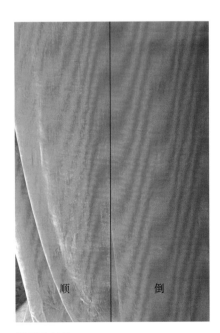

② 浅色丝绒

◎ **图2-2-1** 顺毛和倒毛的效果对比

二、排料和用料计算（无需对花的不同幅宽面料）

1. 排料（110cm幅宽和140cm幅宽）

无需对花的不同幅宽面料的排料区别：按照净胸围为88cm的标准体型的旗袍为例，110cm幅宽真丝面料排料法见图2-2-2，140cm幅宽真丝面料排料法见图2-2-3。

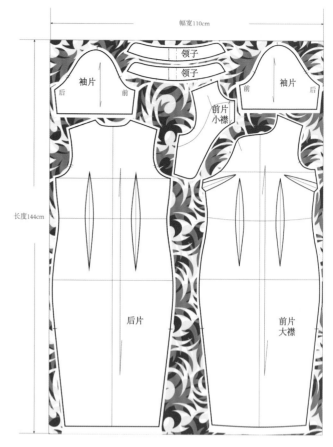

◎ **图2-2-2** 110cm幅宽的真丝面料排料法

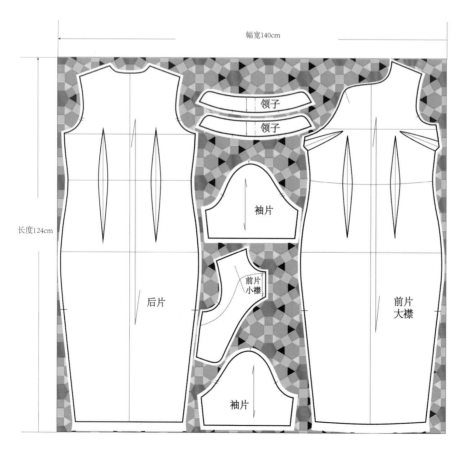

◎ **图2-2-3** 140cm幅宽真丝面料排料法

2. 用料计算（110cm幅宽和140cm幅宽）

88cm胸围的样板在110cm幅宽的面料排料时除需要衣长以外还要增加袖子的长度；而88cm胸围的样板在140cm幅宽面料上可以轻松按衣长排料。由此可见，宽幅面料要比窄幅面料省料很多，在面料幅宽可选的情况下，宽幅料就可以节约很多空间。

一般真丝面料：幅宽108~140cm，料长＝衣长＋袖长＋10cm（缝头及预缩量）；

羊毛、棉织物：一般幅宽140cm左右，胸围和臀围的尺寸不同，其用料长度是不同的。具体如下：

① 样板的胸围、臀围110cm以内，料长＝衣长＋缝头5cm＋损耗量5cm；

② 样板的胸围、臀围110cm以上，料长＝衣长＋袖长＋缝头5cm＋损耗量5cm；

③ 对格、对横条或本料滚边，料长除衣长＋袖长外，另需50cm的布作斜条用料＋2个循环格纹长度。

3. 排料和用料计算（70cm幅宽）

真丝的品类多样，除了幅宽是110cm左右和140cm外，常见真丝的各种织锦面料幅宽仅为70cm，排料见图2-2-4，具体用料计算如下：

用料长度＝衣长×2＋袖长＋50cm（斜丝扣量、对花的余量）。

夹里：常用真丝电力纺、双绉、弹力缎等材料，可按面料幅110或者140方法排（无需考虑对花）。

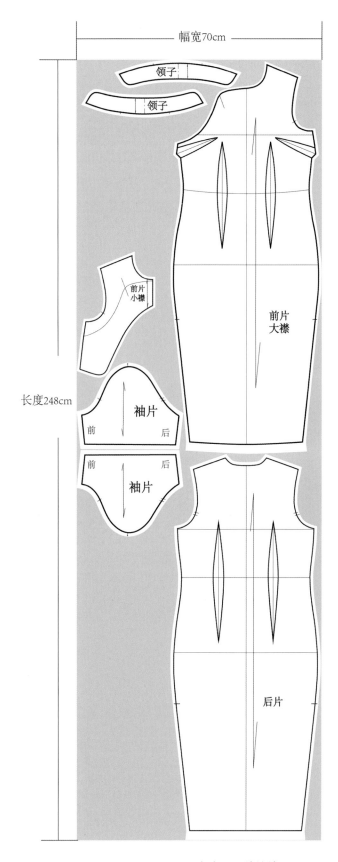

◎ **图2-2-4**　70cm幅宽真丝面料排料法

4. 排料和用料计算（36cm幅宽）

36cm幅宽的织物常见于日本制真丝绢类织物，是按唐代手工织布法织造而成，宽36cm左右，面料上作绘彩或型染，面料风格典雅或华丽，常用来做和服。郑碧红工作室多年前就创意性的引进了日本京有禅面料制作旗袍，因为其清新雅致的手绘色彩和图案，使得做出来的旗袍非常特别，深受许多客户的喜爱。只是窄幅面料的排料需要合理的分割线来达到。

面料因门幅窄，旗袍的后片需采用后中开缝法，前襟大身衣片则分成大小裁片相拼来得到足够的前片尺寸（图2-2-5）。

第三节　旗袍的熨烫技术

熨烫技术，作为服装制作的基础工艺和传统技艺，在缝制过程中起着举足轻重的作用，服装行业用"三分缝制七分熨烫"，强调熨烫技术在服装缝制全过程中的地位和重要性，从衣料裁片的整理开始，到最后成品的完成，都离不开熨烫。旗袍的制作也是如此。

旗袍的熨烫可分成"小烫"和"大烫"。旗袍缝制过程中的熨烫，主要是对半成品进行的边缝制、边熨烫，俗称"小烫"。半成品熨烫分散在各个环节、各道工序、各个部位，并按需要随时进行，它是获得优良成品的前提和基础。在旗袍制作完毕后对整件衣服进行的定型和熨烫，叫"大烫"。

一、丝织服装的熨烫要点

① 熨烫温度和时间要适宜。熨烫温度过高或过分频繁的熨烫，容易损伤丝织物，使面料发黏、泛黄。

② 不要在蒸汽熨斗温度没有达到所需温度时喷烫，否则会把水垢和蒸汽同时带出，丝织物遇水后会形成水渍，难以去除。

③ 用极光罩套在熨斗上可起到保护面料的作用，避免面料熨后发亮。

④ 特殊面料要先小块试烫。

⑤ 提花浮纱较长的丝织面料，熨烫时要注意检查有无钩丝、拉毛、浮纱拉断和浮纱翻身等。

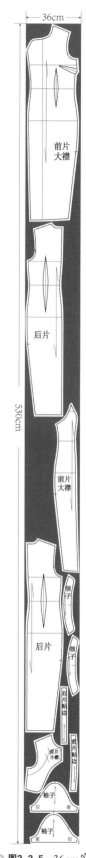

◎ **图2-2-5**　36cm窄幅宽绢类织物排料法

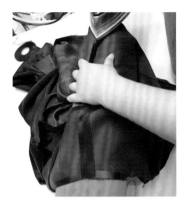
① 按压蒸汽，用熨斗尖推开衣缝

② 将缝子烫平、烫实

◎ **图2-3-1　平分缝熨烫技法**

二、旗袍熨烫技法

主要有分缝熨烫技法、扣缝熨烫技法和拔拉熨烫技法。

1. 分缝熨烫技法

旗袍除了手工工艺外最大的缝制工作是"缉缝"，就是把裁片对应部位进行缝合。为了使半成品平顺、伏贴、平整，在缝制过程中要随时进行"分缝"，使缝子分匀、烫平、烫实。根据不同部位的造型需要，分缝熨烫基本有三种方法，平分缝扣烫、伸分缝扣烫和缩分缝扣烫。

（1）平分缝熨烫技法（图2-3-1）

一边按压蒸汽，一边用熨斗尖缓缓地向前移动将衣缝左右分开，逐渐向前压烫。操作时左右手的配合：左手配合右手中熨斗的前进、后退操作，直至将缝子分匀、烫平、烫实为止。

（2）伸分缝熨烫技法（图2-3-2）

主要是熨烫后中腰拼缝、侧缝、省道线等的腰节部位，及袖子的前偏袖缝等具有身体内凹弧线的部位的衣缝。

熨烫技法：熨斗向前进行劈缝熨烫，不握熨斗的手拉住缝头反向用力，使缝子在分平、分匀、烫实的情况下延展，达到在身体起伏处不吊、不缩的立体贴合的分缝效果。

（3）缩分缝熨烫技法（图2-3-3）

主要用来烫分上衣袖的外侧袖缝、肩缝、领子上沿、领子与肩膀合缝处及胸凸、臀部、腹凸等侧缝的弧形缝。在熨烫时，为了防止把缝子伸长、拉宽，应将熨烫部位的缝子放置在烫凳或伸缩臂烫板上熨烫。

◎ **图2-3-2　伸分缝熨烫技法**

① 领角放置在烫凳上

② 缩分缝熨烫

◎ **图2-3-3　缩分缝熨烫技法**

2. 扣缝熨烫技法

在服装半成品缝制过程中，经常要进行扣缝、折边、卷贴边等扣缝作业。这些扣、折、卷作业只有经过扣缝熨烫，才能平服、整齐，便于机缝或手工缲缝。扣缝熨烫中也常见三种方法：平扣缝熨烫、归扣缝熨烫和缩扣缝熨烫。

视频1 平扣缝熨烫和包扣熨烫

（1）平扣缝熨烫技法（图2-3-4、视频1）

平扣缝熨烫简称平扣烫。常用于旗袍上领子的扣烫。熨烫时将领子两边的毛边沿着领衬净样扣折，再烫压为光边，要扣烫平顺、伏贴，且要烫实。

熨烫技法：以领子为例，将领底边靠身一边放平，用不握烫斗的手的食指和拇指把领料靠外边的折缝按规定的宽度折转，边往后退边折转；同时另一只拿熨斗的手用熨斗尖轻轻地跟着折转的折缝向前徐徐移动、喷气压烫，然后用整个熨斗的底板稍用力地来回熨烫（必要时垫烫布）。

平扣烫时按照净样条连续向内翻进扣烫两次（包住净样条）称为包烫（图2-3-5）。

① 烫平领面和领衬

② 沿着领衬净样折边扣烫

◎ **图2-3-4 平扣缝熨烫技法**

① 按照净样条折边扣烫

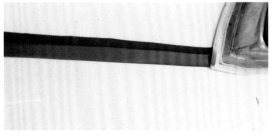

② 再次向内折边包烫

◎ **图2-3-5 包烫**

（2）归扣缝熨烫和缩扣缝熨烫技法（视频2）

归扣、缩扣缝熨烫，多用于有弧形或弧形较大的大襟细滚条、领底缝头、下摆开衩处等具有和人体体型圆弧相适应的"窝服"（不豁、不向外翻翘）。因此，必须将底边、贴边进行边翻折、边归缩扣烫。

熨烫技法：扣烫时，首先将底边、贴边按翻折宽度翻折过来，再用不握熨斗的手的食指按住翻折的底边、贴边，另一只手用熨斗尖在折转的底边、贴边

视频2 归扣缝和缩扣缝的熨、烫技法

折缝处进行归扣烫。扣烫时，双手要配合默契。注意不握熨斗的手的食指在按住折翻过来的底边不断向前的同时，还要有意识地将按住的折翻底边、贴边往熨斗尖下推送，使熨斗在前进的压烫中，将底边或贴边成弧线形归缩定形，平服烫实。例如领圈贴边的包烫见图2-3-6。

3. 拔拉熨烫技法

在旗袍制作中还常用到拔拉熨烫法。拔拉烫应用如下：

① 在领子部位滚边太宽难以转弯的时候需要向外拔拉再用熨斗向外用力扣烫的方法（图2-3-7）。

② 为了防止车省后，省道线过紧，需要把省道位置进行拔拉烫来延展这部分使其与身体吻合（图2-3-8）。

① 领圈归扣熨烫

② 领圈完成归扣

◎ **图2-3-6　领圈贴边的包烫**

① 拔拉领头弯角

② 烫拔弯角处

③ 烫拔后的领型

◎ **图2-3-7　拔拉熨烫**

◎ **图2-3-8　拔拉熨烫**

第四节　旗袍的归拔技术

　　一件旗袍的制作是否合体，归拔是非常重要的环节。通过运用归、拔、推等熨烫技术和技巧，塑造服装的立体造型，弥补分割线、结构线上没有省道、撇门及造型技术的不足，通过归拔，把平面的布料重新塑造，使服装成为贴合人体起伏及运动的一个更立体和美观的软壳。

　　归拔的基本原理是热塑变形。本质上是利用纤维在湿热状态下膨胀伸展，快速冷却后能保形的物理特性来实现对服装的热定型。

　　对衣片用熨斗经蒸汽加湿、加热、加压下，按预定设计进行伸直、弯曲、拉长或缩短，进行塑型和定型，就叫归拔。

　　操作人员既需要熟悉人体体型的凹凸特点，又要对面料特性充分了解 。

一、衣片归拔部位的确定

　　人体的凹凸点是归拔的位置。身体上凹进部位衣片要拔，凸点的缝制边缘要归。因此操作者需了解人体各部位的凹凸点（图2-4-1）。

视频1　平扣缝熨烫和包扣熨烫技法

视频2　缩扣缝和归扣缝的熨烫技法

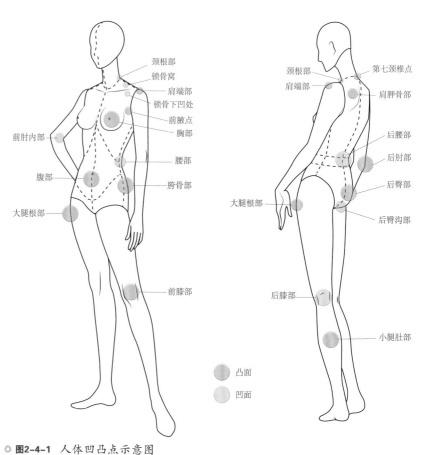

◎ **图2-4-1**　人体凹凸点示意图

对应衣片归拔部位如下：

1. 拔

人体凹进对应的衣片部位需要拔长，使服装穿上后人体凹进的部位合体。如：侧缝腰部、腰节省道、前肩缝、前后中的中心线。

① 前片的胸腰省车好后，省间相距较近，容易出现扯紧扭曲，需要把胸省和腰省之间容易扯紧的位置放在圆凳上用熨斗轻轻拔开（图2-4-2）。

② 前片腰省之间的面料也要一起延展，使前片更贴合人体的腰节。把省道与省道之间的部位放在烫凳上拉长拔开做前中的延长（图2-4-3）。

③ 面料比较紧实难拔的需要在侧缝腰节处做几个斜刀刀眼，刀眼深不超过0.5cm。打好刀眼再拔。

2. 归

人体凸出的部位对应的衣片部位需要归拔，使服装穿上后人体凸出的部位合体。

① 如前片腹部的侧缝、后片臀凸的两侧侧缝都需要归。把省尖部位周围的侧缝捋直，左手把鼓包的料子部位向内轻轻拨动，配合蒸汽，边喷边烫。手势要均匀而快速，可反复多次但不可久留，熨斗底部需要有极光罩保护，防止面料在归拔过程中因磨损泛光发亮（图2-4-4）。

② 大襟从前中到腋下的弧线中间偏后半段要归，归好后，大襟此处要用手针做假缝缩针（图2-4-5）。

另外后肩线、后袖窿弧线的弯弧处都需要用同样手法归拔。

整身归拔结束后烫上黏合牵条定位，使之固定不走形。

3. 归、拔注意点

真丝面料适合的熨烫温度在160~180℃，即熨斗开关按钮第四档。熨斗需要有极光罩防护，防止面料在归拔过程中磨损发亮。

真丝面料虽耐高温但是不可反复来回摩擦，在边喷蒸汽边按压熨烫的同时，左右手一进一退一定要配合协调，手势要均匀而快速。

◎ **图2-4-2**　轻轻拔开胸腰省之间的布料

◎ **图2-4-3**　省道之间部位的拔拉

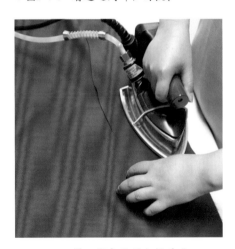

◎ **图2-4-4**　臀、腹部位的归烫手法

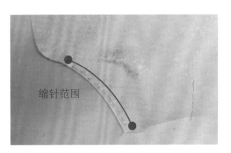

缩针范围

◎ **图2-4-5**　大襟近腋下位置归烫后，手针假缝缩针固定

二、衣身需要归拔的部位示意图（图2-4-6）

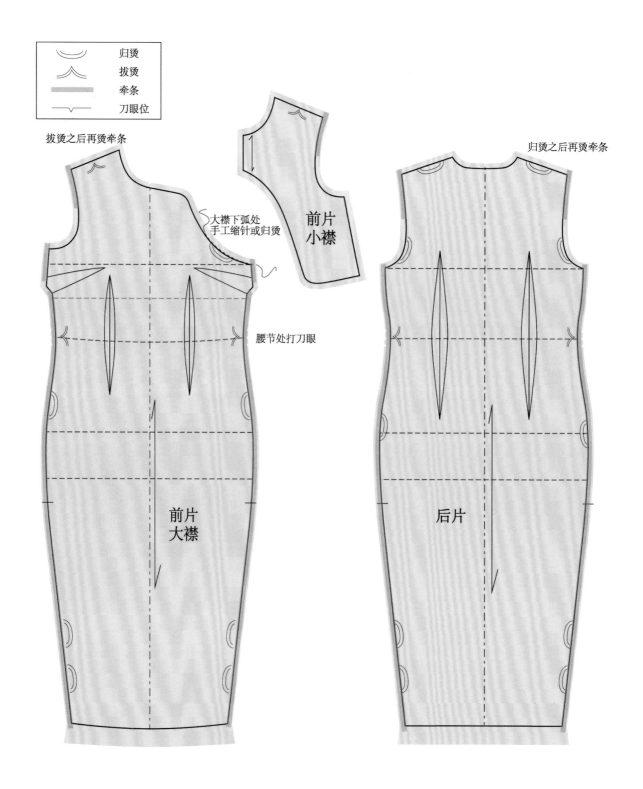

归烫

拔烫

牵条

刀眼位

拔烫之后再烫牵条

大襟下弧处
手工缩针或归烫

前片小襟

归烫之后再烫牵条

腰节处打刀眼

前片
大襟

后片

◎ **图2-4-6** 衣身需要归、拔的部位示意图

三、衣身归拔的部位和方向（视频3、视频4）

视频3　传统平　视频4　改良旗
裁旗袍的归拔　袍的归拔

衣身归拔部位和方向见图2-4-7、图2-4-8。

先拔侧缝。腰节处先打刀眼，再拔开，以腰节点为端点，分成2段，向外使力，改变原来的曲线状态，见图2-4-7。拔开后再用牵条固定，为防止牵条在腰节缝头处固定太牢，缝合后扯紧两条侧缝，无法贴合身体曲线，需把腰节位置的牵条剪刀眼。

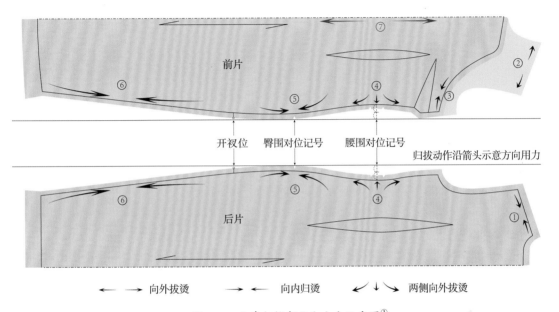

◎ **图2-4-7**　衣身归拔部位和方向示意图[1]

侧缝拔完后，衣身省道和后衣身中间也需要拔开。如图2-4-8，将车好省的衣片按省道位置折叠，然后按箭头方向拔开。

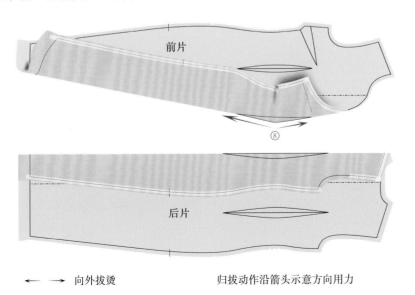

归拔的动作要领：

拔的动作要迅速有力，使面料得到延展起浪。

归的动作要轻柔渐进，使布料缩紧，但不起皱。

◎ **图2-4-8**　衣身归拔部位和方向示意图[2]

四、领子的熨烫（视频5）

　　旗袍立领是旗袍的重要标志符号，包裹的是人体的脖颈部分。领子的造型和伏贴程度也是展示旗袍制作工艺的重要标志。人体的脖子是柱状体，立领部分要求舒适、合拢不张口。

　　缝制领子前，需拔开领子两端，使领子自然延展弯翘（图2-4-9），这样装领后领子便会妥帖地包围脖颈，让旗袍更优雅动人。

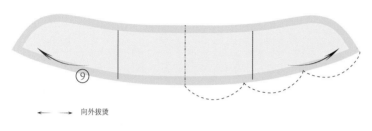

← → 向外拔烫

归拔动作向箭头示意方向用力

视频5　领子制作前的拔烫

◎图2-4-9　领子熨烫动作示意图

◎图2-4-10　拔烫领头

领子拔烫要领：一般只拔领面，动作要领如下。

　　① 按领子净样裁剪一个旗袍硬领衬，并用熨斗压实烫平，领底处按净样扣烫1cm缝份。将领子反面朝上，手握住领子中间部分用熨斗拔拉领头两端的1/3处，使其延展起翘（图2-4-10）。

　　② 拔过的领子和未拔过的领子对比，拔过的领子两头向上弯翘（图2-4-11）

　　③ 把领子竖起来围合后观察造型，领子围合后应呈柱状（图2-4-12）。

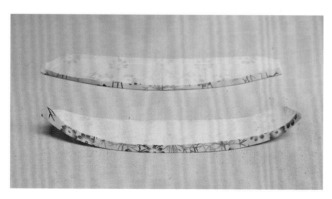

◎图2-4-11　拔过的领子（下）和未拔过的领子（上）对比

◎图2-4-12　围合领子观察造型

第三章
高定旗袍缝制技术详解

　　本章结合客户真实体型用图文结合的方式详细演示以下三款旗袍的制作方法：

　　款式一：特体真丝重绉手工刺绣装袖、侧缝装拉链、镶滚边旗袍；

　　款式二：连肩袖开襟旗袍；

　　款式三：硬质提花面料对花裁剪全身镶边开襟无袖的旗袍。

　　以上这三款旗袍款式和材质各不相同，在缝制过程中采用的工艺技法也不同，缝制过程中的前后顺序也会相应调整。对于各款旗袍的制作要点、装袖和无袖的制作过程，本章都会逐一加以详解。

　　旗袍服用材料以丝绸为主，以下是丝织物的裁剪和缝制时的一些小技巧。

　　①丝绸面料薄而轻软，表面滑爽，缝制时极易滑动，初学者可以垫着纸剪裁，并带纸车缝直线；

　　②缝纫机的压脚压力要稍轻或改用塑料压脚；

　　③选择丝线作为缝纫线；

　　④机缝时，选择的针要细，一般用7#针，针头要尖不能有起毛以免勾到面料造成抽丝。

第一节　特体真丝重绉手工刺绣、装袖、侧缝装拉链、滚镶边旗袍的缝制方法

一、概述

1. 款式描述

此款为酒红色重绉手工刺绣九分袖长款旗袍，前襟、袖口、下摆处刺绣牡丹纹样。此款式整体端庄优雅，是一位年龄偏成熟母亲因女儿婚礼为自己定制的服装，客户属于易胖体，尺寸要求略为宽松（图3-1-1、图3-1-2）。

2. 面料、里料及辅料选用

面料：酒红色38姆米真丝重磅绉。

里料：配色真丝水洗弹力缎，侧装拉链。

辅料1：全手工滚镶边，滚0.8cm，镶0.2cm，滚边条用真丝素绉缎，镶边条用双面金色闪光的不织布。

辅料2：隐形拉链一条，真丝黏合衬2m，0.5cm宽的黏合牵条10m。

◎图3-1-1　酒红重绉手工刺绣九分袖长款旗袍成衣图　　◎图3-1-2　酒红重绉手工刺绣九分袖长款旗袍客户试衣照

3. 客户体型描述及样板处理要点

此客户身高165cm，站立姿态较挺，后腰曲线明显，前半身腰腹部尺寸较大，胃腹部有明显隆起，胃凸明显，过腹围后臀部变小，总体胸臀差小，是比较典型的中年富态的女性身体特征。客户属于易胖体，尺寸要求略为宽松。

该体型在样板处理时需要放松前腰省，前后衣片尺寸分配上前片可以适当加大。视觉上减弱凸起的感觉。

4. 客户款式设计图及定制尺寸表（表3-1-1）

◎ **表3-1-1　客户款式设计图及定制尺寸表**

客户定制尺寸单							
							单位：cm
姓名	F女士		身高		体重	联系方式	
序号	部位	测量	成衣	序号	部位	测量	成衣	设计款式图

序号	部位	测量	成衣	序号	部位	测量	成衣	设计款式图
1	胸围	96	100	18	胸距	16	16	
2	胸上围			19	肩至胸下	34	34	
3	胸下围	82	88	20	肩到胃凸	43.5	43.5	
4	腰围	78	88	21	左/右夹圈	45	48	
5	胯上围/裙裤腰			22	左/右臂围	32	36	
6	腹围			23	袖长	48	48	
7	胯围	95	98	24	袖口	27.5	27.5	
8	臀围	97	101	25	前衣长	138	138	
9	下臀围	92	100	26	裙长			
10	前肩宽	38	38	27	裤长			
11	后肩宽	40	40	28	全档长			
12	后背宽	38	40	29	腰到膝			
13	后背长	37.5	37.5	30	腰到小腿	56/33.5		
14	肩点到臀凸	62	62	31	前直开			
15	颈围	38	43	32	大/小腿围			
16	前胸宽	37	37	33	前腰节长	44.5	44.5	面料小样：
17	胸高	25	25	34	后腰节长	40	40	

牡丹手工刺绣，于福都客户围过后配色。

体型特征				总金额		付款方式	
站姿	肩型		脖型				
含胸	溜肩		高脖	设计时间		设计师	
挺胸	平肩		矮脖				
腆肚	冲肩		圆脖	试衣时间			
脊柱侧倾	高低肩		扁脖			客户确认	
体型描述：胃凸86，肩正常，小臂24，圆体型，喜欢开叉低，略宽松。肩至开叉处100cm				取衣时间			

此表中这位客户是胃部比腰围更大的特殊体型，必须要测量肩颈点到胃部的直线距离与围度，制版时需要用到这个尺寸。

二、样板设计

1. 衣身样板设计（图3-1-3）

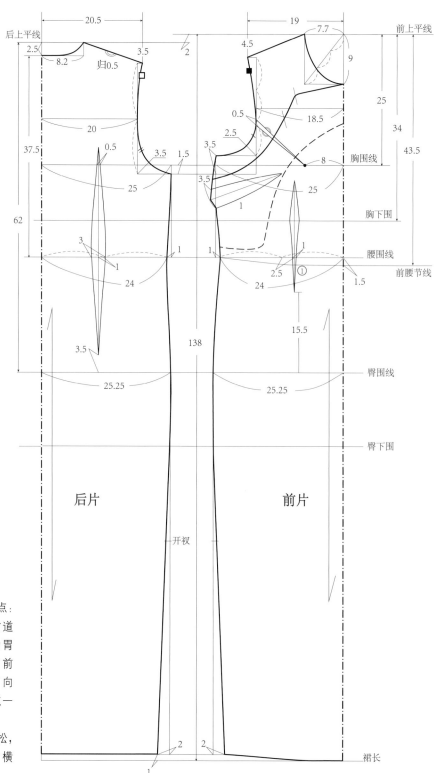

前后衣身样板设计要点：
后腰挺直，后片的省道可以偏大，前片因为胃部的凸起，此处为了前片不紧绷，省道作了向内缩小的处理，形成一个特殊形状的省道。
注：客户要求领型宽松，前横开领为N/5，后横开领为5/N+0.5.

◎ **图3-1-3** 衣身样板设计

2.前片小襟省道处理（图1-3-4）

3.袖子、领子样板设计（图1-3-5）

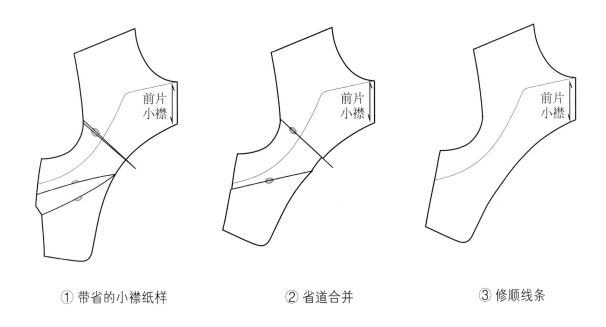

① 带省的小襟纸样　　② 省道合并　　③ 修顺线条

◎ **图3-1-4** 前片小襟省道处理

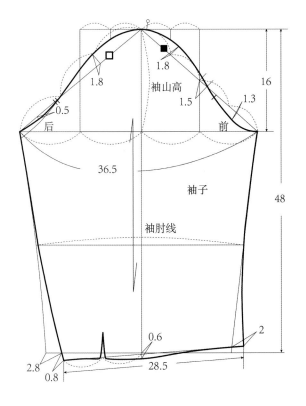

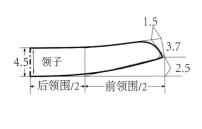

◎ **图3-1-5** 袖子、领子样板设计

三、排料图

1. 面布排料图

见图3-1-6，面料为140cm幅宽的真丝重磅绉。放缝要点：①滚边部位不放缝；②侧缝放缝1.5cm；③其余为1cm。

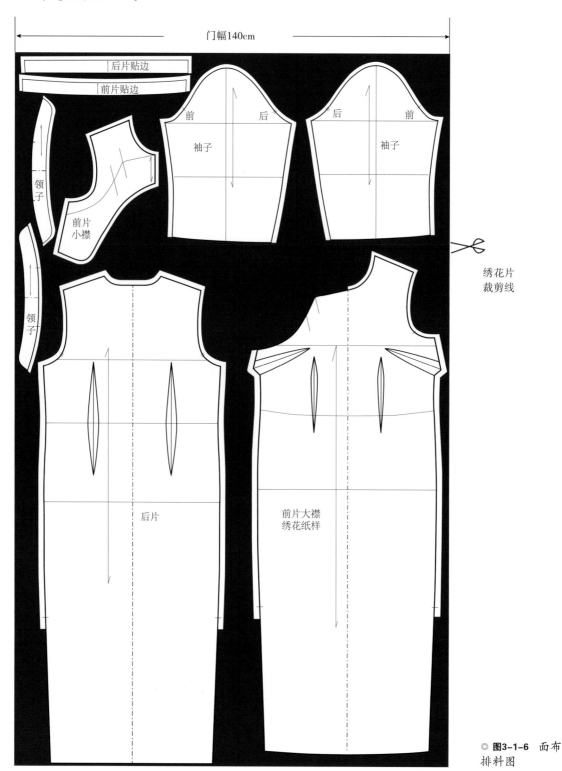

门幅140cm

后片贴边

前片贴边

领子

前片小襟

领子

前 后 袖子

后 前 袖子

绣花片裁剪线

后片

前片大襟绣花纸样

2. 里布排料图

见图3-1-7，里布为140cm幅宽的真丝水洗弹力缎。里布放缝见本书相关章节。

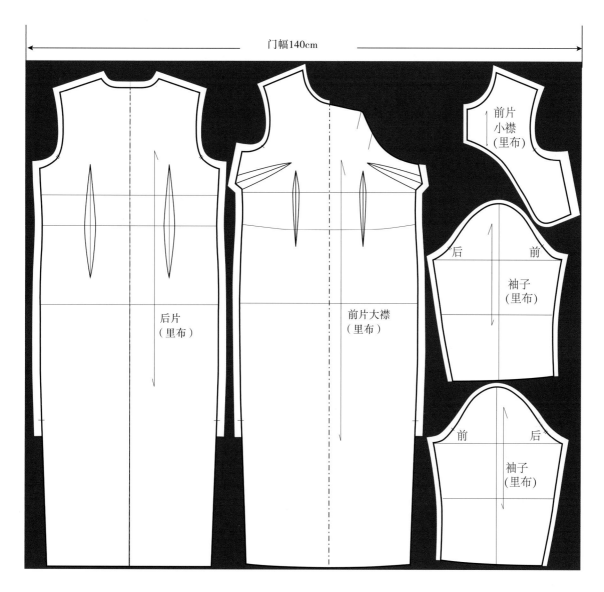

◎ **图3-1-7**　里布排料图

3. 有绣花图案的面料裁剪要求

由于前片和袖片有绣花图案设计，故面布需要先毛裁成四周成直线的裁片，方正的布片方便上绷架做刺绣。在纸样上预先设计好花稿的造型和位置（图3-1-8），配好绣线色彩，确定好绣花的针法。手工刺绣周期较长，画稿和刺绣需预留一个月左右的时间。

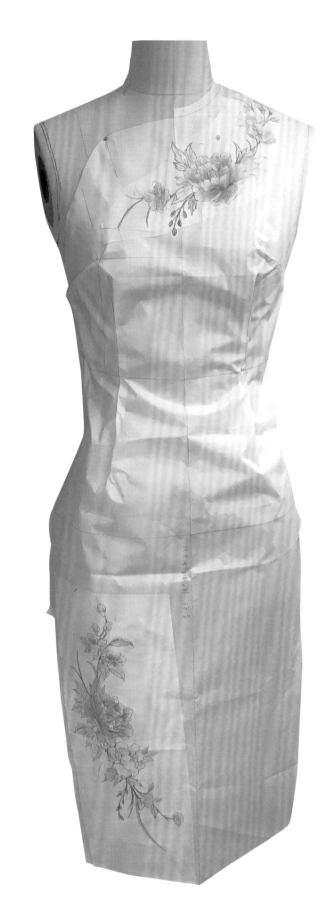

◎ **图3-1-8** 绣花稿

四、缝制工艺步骤
（图3-1-9）

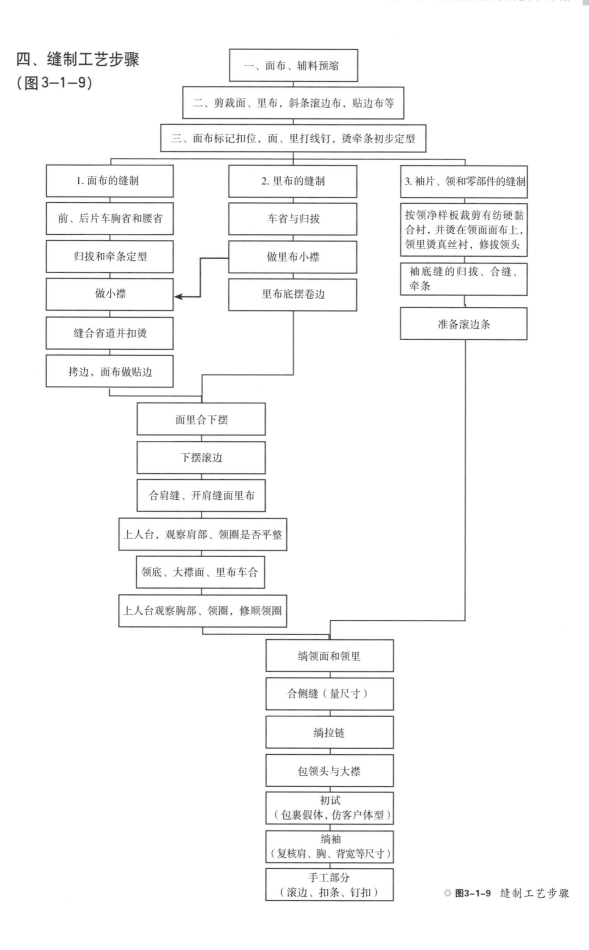

一、面布、辅料预缩

二、剪裁面、里布，斜条滚边布，贴边布等

三、面布标记扣位，面、里打线钉，烫牵条初步定型

1. 面布的缝制

前、后片车胸省和腰省

归拔和牵条定型

做小襟

缝合省道并扣烫

拷边，面布做贴边

2. 里布的缝制

车省与归拔

做里布小襟

里布底摆卷边

3. 袖片、领和零部件的缝制

按领净样板裁剪有纺硬黏合衬，并烫在领面面布上，领里烫真丝衬，修拔领头

袖底缝的归拔、合缝、牵条

准备滚边条

面里合下摆

下摆滚边

合肩缝、开肩缝面里布

上人台，观察肩部、领圈是否平整

领底、大襟面、里布车合

上人台观察胸部、领圈，修顺领圈

缔领面和领里

合侧缝（量尺寸）

缔拉链

包领头与大襟

初试
（包裹假体，仿客户体型）

缔袖
（复核肩、胸、背宽等尺寸）

手工部分
（滚边、扣条、钉扣）

◎ **图3-1-9**　缝制工艺步骤

五、缝制工艺流程详解

本件旗袍的制作重点：刺绣片的位置定位和裁剪，绱袖子、绱拉链，对有明显胃、腹凸的人体的把握。

（一）缝制前准备

1. 面料、里料、辅料预缩

用高温蒸汽预缩面、里、辅料（旗袍领衬用树脂衬，面布用真丝衬，牵条用带线的牵条）。另外，用薄布衬在绣片的反面烫好，以保护刺绣片。

（1）绣片和样板的准备（图3-1-10）

准确查看并记牢客户需要的成衣尺寸，检查绣花花位是否在纸样的准确位置，把绣花片平铺放置在裁床桌上，细看刺绣是否有丝线拉毛等状况。如果有细微问题，需要修复一下，直到细节确认无误后再裁。

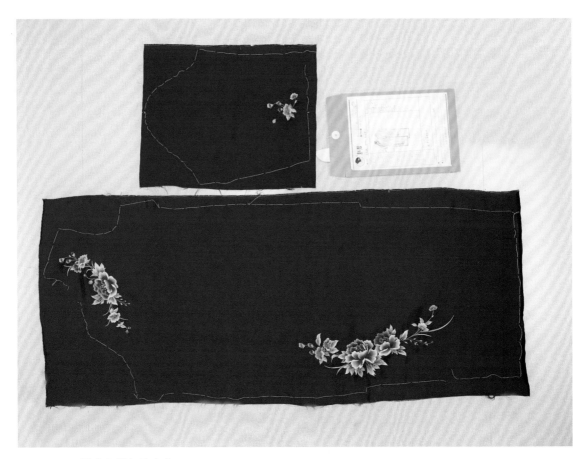

◎ **图3-1-10** 绣片和样板的准备

（2）绣片面布预缩（图3-1-11）

蒸汽开到150℃，4档左右，正反都需要隔空喷缩，把面料经、纬向都缩匀。

（3）绣片面布黏合衬预缩（图3-1-12）

剪一块与绣花片一样大的薄黏衬覆在绣片反面对齐（丝缕方向一致），先不急于烫合，先对黏合衬进行蒸汽喷烫预缩，以达到黏合衬与绣花片缩率一致。

◎ **图3-1-11** 绣片面料预缩

◎ **图3-1-12** 绣片面布黏合衬预缩

◎ **图3-1-13** 面料压衬定型

（4）面料压衬定型（图3-1-13）

面料覆衬时，不可来回移动熨斗，要均匀压实，做到不起泡、不起皱。黏好衬后的面料会更有型，也起到保护绣花片的作用。

2. 面料裁剪

全部面料在裁剪之前，需烫上30dtex的薄黏合衬（包括绣片）。

具体步骤是先裁剪绣片，再裁剪面料其他部位及滚边斜条和底摆贴边。

（1）前衣片绣片裁剪（图3-1-14）

① 摆正绣片丝缕，将纸样与绣片外轮廓对齐。

② 绣花对位。上绷刺绣时，经纬线的纱线密度因为刺绣针法的原因可能使面料产生局部变形，绣面集中部分略紧，空白处松，图稿与实际纹样会产生局部分离状态，裁剪样板时要从设计美观性考量，略作调整。

③ 在确保绣花位置在合理的位置、丝缕线准确的情况下，对绣片进行裁剪，并打好各处对位记号刀眼。

（2）后衣片裁剪（图3-1-15）

先将后衣片样板与面料的丝缕方向对准，然后再进行裁剪，并打好各处对位记号刀眼。

① 摆正绣片丝缕

② 绣花对位

③ 裁剪绣片

◎ **图3-1-14** 前衣片绣片裁剪

◎ **图3-1-15** 后衣片裁剪

（3）袖子裁剪（图3-1-16）

具体步骤如下：

① 由于袖子的袖口上方也有绣花，故也需要绣花对位排版，要求把纸样上的图案纹样对准绣片面料。

② 校对丝缕方向。用尺子测量，调整到准确丝缕，注意上下丝缕线都与布边平行。

③ 裁剪、打刀眼。边裁剪边依次打好装袖部位的对位刀眼。

① 绣花对位

◎ **图3-1-16** ① 袖子裁剪

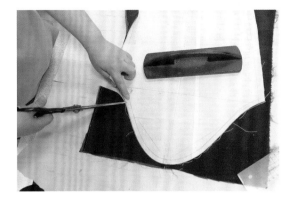

② 校对丝缕方向

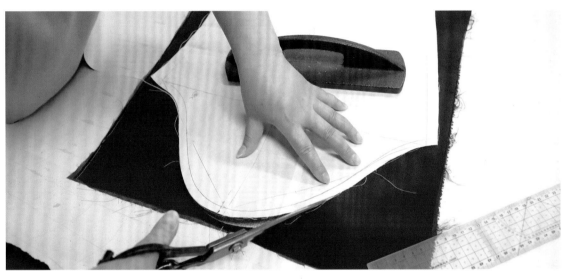

③ 裁剪、打刀眼

◎ **图3-1-16** ② 袖子裁剪

（4）小襟裁剪（图3-1-17）

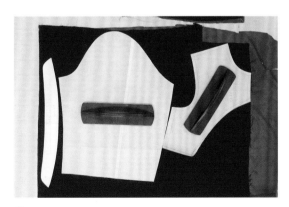

① 小襟、袖子、领子排版   ② 小襟裁剪

◎ **图3-1-17** 小襟裁剪

（5）领子裁剪（图3-1-18）

领面需要烫领衬、扣烫等特殊制作，不需要精准裁剪，先毛裁。

（6）底摆贴边裁剪（图3-1-19）

在面料空余处裁剪底摆贴边。

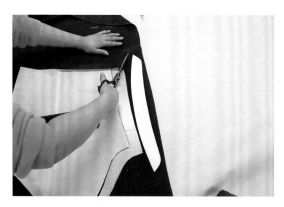

◎ **图3-1-18** 领子毛裁

◎ **图3-1-19** 底摆贴边裁剪

（7）前后衣片面布裁片完成图（图3-1-20）

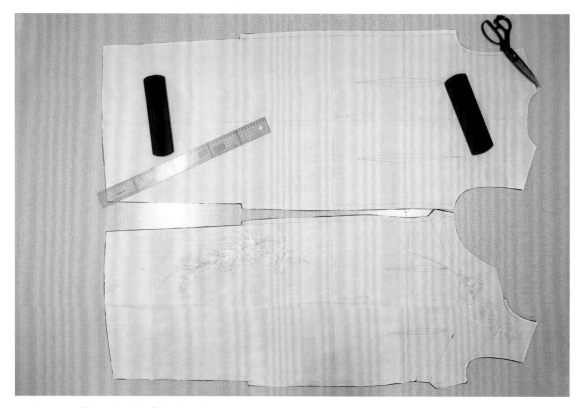

◎ **图3-1-20** 前后衣片面布裁片完成图

3. 省道、盘扣位、拼缝对位点等做线钉和记号（视频6）

① 前、后省道位置做线钉记号（线钉记号的技法见本系列图书中《高定旗袍缝制工艺详解》）。

② 在侧缝的胸围线、腰围线、臀围线、开衩点做刀眼记号，袖窿对位点、领子与后中、肩缝对位点处做刀眼记号线。大襟在小襟处的吻合线用2cm左右长的线迹手缝记号线。

③ 在大、小襟扣位处分别做扣位线的线钉记号（图3-1-21）。

④ 拉链开始与结束位打刀眼记号。

◎ **图3-1-21** 扣位做线钉

4. 里布排料并裁剪

① 该里布用光泽均匀的弹力缎，为节约用料里布排料可采用倒顺插排，详见图3-1-22。

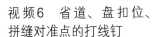

视频6 省道、盘扣位、拼缝对准点的打线钉

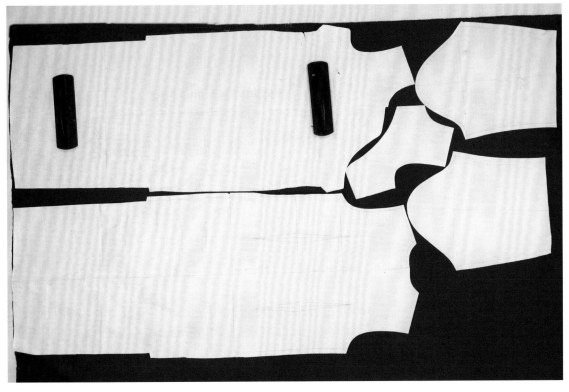

◎ **图3-1-22** 里布排料

② 里布裁剪（图1-2-23）

如果里布裁剪时用面布纸样样板，则剪裁时应注意纸样要翻面裁剪，一周的缝头多留0.3cm，开衩位向下多留0.5cm做松量，以防止制作时衩口起吊。如果有里布纸样样板就按照里布样板裁剪。

③ 里布裁片完成图（图1-2-24）

◎ **图3-1-23** 里布裁剪

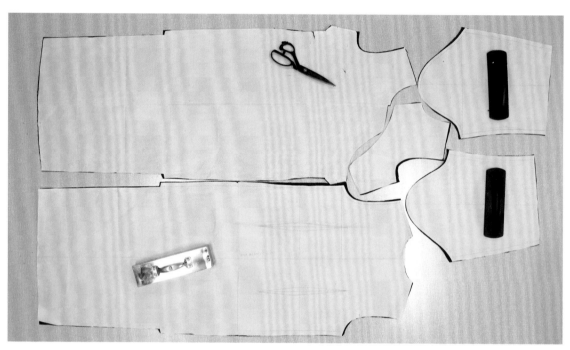

◎ **图3-1-24** 里布裁片完成图

◎ **图3-1-25** 斜条完成图

5. 剪裁滚边、镶边所需的斜条

所有准备裁剪斜条的布料都需烫一层30dtex的薄黏合衬（图1-2-25里黑色面是已经烫了黏合衬的一面），红色为滚边布，金色是镶边布，详见图3-1-25。

里布、面部、滚边布、镶边布全部裁剪完毕后，准备进入下一个制作环节。

（二）旗袍零部件制作

1. 领子制作

领面用领子净样将硬领衬按净样线向内缩进0.1cm大小裁剪好，扣烫压实。领底扣烫缝头修剪至1cm，用熨斗拔领部两头。

领里烫3D黏合衬，领底的缝头按领净样板扣烫1cm。

此款领子是采用滚镶边的方法，领上沿不需要留缝头。用熨斗拔领面部近领头7~9cm的位置，使其向前中弯拢造势，放置在桌面上观看是否对称，领头弯翘一致。制作领子时需要把领里与领面顺势放好，领里多余的堆量容易造成领部起皱，需要按压领部中心顺着弧度向两侧推掉多余的量，并做修剪。

具体操作如下：

（1）裁剪领面的领衬（图3-1-26）

① 对正丝缕，按净样板裁出领衬（领衬采用硬树脂黏合衬），一周比净样板缩进0.1cm。

② 领衬打刀眼，做对位记号。

在领衬净样上打刀眼，做领中心点、肩缝点的对位记号。

③ 打好刀眼的领衬。

（2）领面烫领衬（图3-1-27）

① 把领衬净样放在领面毛片上丝缕方向保

① 裁剪领面的领衬

② 领衬对位点打刀眼

③ 完成刀眼剪口的领衬

◎ **图3-1-26** 领衬打刀眼，做对位记号

持一致。

② 把领衬和面布烫实。

③ 领面按领衬净样扣烫领底线缝头。领上口和两侧是滚边做法，要修剪掉多余量，因此不需要扣烫。

④ 把领底缝头修剪留1cm。

⑤ 按领子净样板修净上口和两侧。

◎ **图3-1-27** 领面烫领衬

（3）领里烫领衬（图3-1-28）

　　准备好裁剪时留的领里布毛片，先在布料反面熨烫30dtex有纺黏合衬，再按领面净样留出领底缝头，留1cm后修剪，领口按净样修净（滚边工艺，领上口不需缝头，修剪成净边）。

① 裁剪领里布

② 领上口剪净边

◎ **图3-1-28**　领里烫领衬

（4）拔拉烫领子

对领子做一下拔拉烫，使领子按照脖型略弧。方法见第一章第三节。注意领里布要比领面布长度略小，确保制作后领里不会堆积在领圈里面。

2. 烫黏合牵条

在衣片正式制作前，其许多部位必须先用黏合牵条定型，以防止裁片变形。

具体方法：按纸样在裁片的领口、袖窿、肩缝等部位烫上黏合牵条。袖窿牵条从肩点开始到袖窿弯处停止，采用1cm宽的无纺黏合牵条，距缝头外沿边相距0.1cm压烫。注意后片肩部略归、缩烫，前片肩缝略拔，烫好牵条后的前、后肩缝线呈现前肩线略翘，后肩起窝造型。

具体操作如下：

（1）前衣片烫黏合牵条（视频7）

① 衣片前肩部拔烫黏合牵条（图3-1-29）

前肩部拔烫黏合牵条，带紧肩点外端点，用熨斗的压力向领围处拔开前肩缝，手臂和熨斗反向用力。牵条距边0.2cm烫住，完成的前肩线两头略向上翘起，代表拔烫成功。这样得到的前肩缝线尺寸比纸样尺寸大0.2~0.3cm。

② 前衣片领口烫黏合牵条（图3-1-30）

从肩缝开始领口不拔不归，用熨斗尖慢速将黏合牵条沿领围压烫，牵条在转弯处可折叠一部分量，以保持领圈的圆顺。

视频7　前衣片牵条的黏合方法

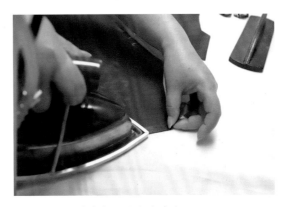

◎ **图3-1-29**　前肩部拔烫黏合牵条

① 从肩缝开始

② 沿领圈逐渐压烫

◎ **图3-1-30** 前衣片领口烫黏合牵条

③ 前衣片大襟烫黏合牵条（图3-1-31）

大襟烫黏合牵条要领：先把大襟的弯部凹弧线用蒸汽缩烫一下，防止此处因为裁剪原因造成斜丝松脱产生变形。

中心点至大襟头正常压烫黏合牵条，大襟凹弧线处开始用手带紧黏合牵条再压烫。

① 从前中开始压烫黏合牵条

② 大襟弧线处要带紧黏合牵条再压烫

◎ **图3-1-31** 大襟烫黏合牵条

④ 前衣片侧缝烫黏合牵条（图3-1-32）

前衣片两侧缝定型牵条烫至胸下、腰节上处停止。

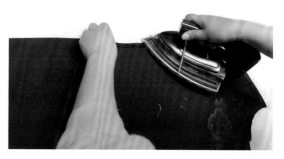

◎ **图3-1-32** 前衣片侧缝烫黏合牵条

⑤ 前衣片烫黏合牵条完成图（图3-1-33）

（2）后衣片烫黏合牵条

后衣片领圈、袖窿、侧缝部分黏合牵条的烫法与前衣片相同，但是后肩线黏合牵条是归烫的手法。

后肩缝烫黏合牵条动作要领：先喷缩肩缝线，用熨斗压住一侧肩端点，一手拉紧牵条带紧肩缝线直接压实（图3-1-34）。这样实际得到的肩缝线长度会比纸样尺寸小0.2~0.3cm，由此要通过前肩缝的拔和后肩缝的归来达到缝头长度一致。

（3）里布烫黏合牵条（图3-1-35）

里布烫黏合牵条的部位和方法同面布。

◎ **图3-1-33**　前衣片烫黏合牵条完成图

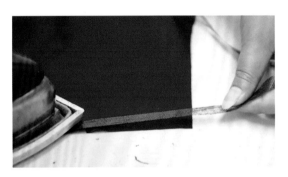

◎ **图3-1-34**　后肩缝烫黏合牵条动作要领

◎ **图3-1-35**　里布烫黏合牵条完成图

（4）小襟烫黏合牵条

① 小襟做对位记号（图3-1-36）

首先用手缝针在小襟上做与大襟对位线处的弧线记号，再做扣位线的记号。

① 沿着门襟大襟弧线做对位记号

② 做扣位线记号

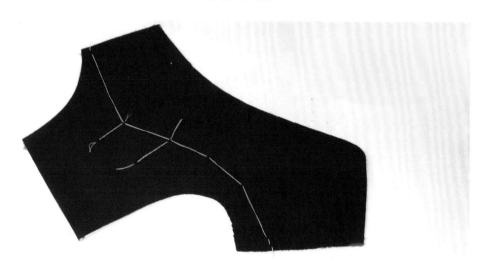

③ 做好记号的小襟部件示意图

◎ **图3-1-36** 小襟做对位记号

② 小襟烫黏合牵条（图3-1-37）

小襟烫黏合牵条部位：肩部、侧缝、领口、前中。注意只烫袖窿上端10cm左右，熨烫方法同前衣片大襟，注意前肩缝拔着烫黏合牵条。

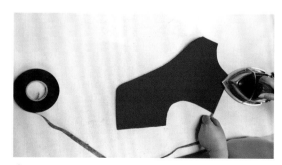

① 拔小襟肩线，再烫黏合牵条

② 小襟侧缝烫黏合牵条

◎ **图3-1-37** 小襟烫黏合牵条

③ 黏合牵条熨烫定型完成后的面、里小襟（图3-1-38）

里布小襟同面布，小襟烫牵条方法不同之处是里布袖窿不需烫黏合牵条。

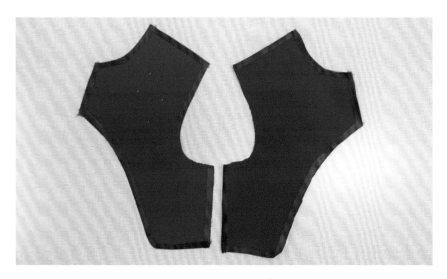

◎ **图3-1-38** 黏合牵条熨烫定型完成后的面、里小襟

（5）袖子烫黏合牵条（图3-1-39）

袖子面布两侧侧缝、袖口分别均匀压烫黏合牵条定型。

袖子里布只需在袖口烫黏合牵条定型，以防止松开变大。

3. 烫拔拉链码带

侧装拉链的旗袍，如果布料直接与没有经过拔拉的拉链装合，就会出现无拉链侧贴体、装拉链的一侧与身体分离的不对称现象，因此拉链的拔烫非常重要，常用的方法是通过熨烫蒸汽的热力，用手带动熨斗用力拔拉，使拉链受热变形与服装的侧缝弧线吻合。步骤如下：

① 袖侧缝烫黏合牵条

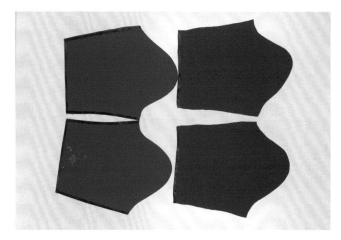

② 烫完黏合牵条的面、里袖片

◎ **图3-1-39** 袖子烫黏合牵条

45

（1）烫平拉链码带（图3-1-40、视频8）

先拉开拉链，把拉链的码带部分与牙齿剥离烫平。

（2）拉链码带打刀眼（图3-1-41）

把拉链与需要安装的侧缝做比较，找到腰的位置，腰点附近打斜刀眼。可每隔1~2cm打1个刀眼，一边共3~5个。如果是腰细长、腰臀差数值大的身材，可多打几个。

（3）烫拔拉链码带（图3-1-42）

按压住单边拉链一头，以拉链牙齿为内弧，码带为外弧造型向外使力，两边相同。

（4）拉链烫拔完成（图3-1-43）

拔烫过后的拉链成橄榄状，弧度的造型与人体的侧缝线吻合。

（5）拉链拉合后的状态（图3-1-44）

拉链拉合后，两侧码带向上竖起，代表拉链拔烫完成。

视频8　拉链拔拉的技法

◎ **图3-1-40**　烫平拉链码带

◎ **图3-1-41**　拉链码带打刀眼

◎ **图3-1-42**　烫拔拉链码带

◎ **图3-1-43**　拉链烫拔完成

◎ **图3-1-44**　拉链拉合后的状态

（三）车缝省道

省道车缝要点（图3-1-45）：

在车省时，以省道中心为轴对折，上下省道弧线要一致，不能错位。

注意每个省尖点车完后要留1~2cm线头，高速缝纫机的线是自动捻在一起的，不修净是为了防止省尖处的缝纫线滑脱散开。

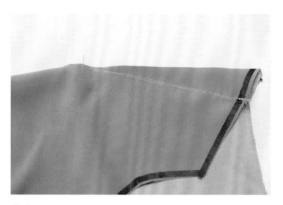

① 车胸省

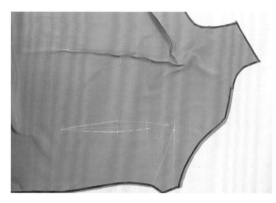

② 车腰省

③ 省尖点留~2cm线头，不剪光

◎ **图3-1-45** *省道车缝*

1. 车缝面布胸省、腰省

（1）车缝面布胸省（图3-1-46）

由省道外端向省尖车缝。胸省的省尖消失要渐近且尖锐。省尖由大至小逐渐缩小，若大小变化过快，胸部容易起不伏贴的空鼓鼓包。

（2）车缝面布腰省（图3-1-47）

以省道中心线为折线，左右手分别把握好省道方向匀速车缝好省道的形状。初操作的人可以把省道整个画出，用来控制上下省道线是否确保对齐。

◎ **图3-1-46** *车缝面布胸省*

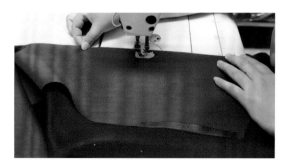

◎ **图3-1-47** *车缝面布腰省*

（3）车缝省道后拔掉之前省道线钉记号（图3-1-48）。

2. 车缝里布胸省和腰省

车缝里布胸省（图3-1-49）。

车缝里布腰省（图3-1-50）。

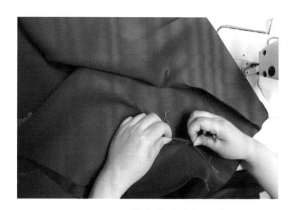

◎ **图3-1-48** 拔掉省道线钉记号

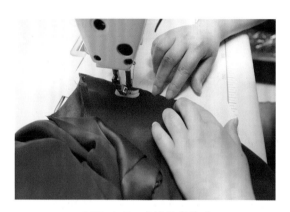

◎ **图3-1-49** 车缝里布胸省

◎ **图3-1-50** 车缝里布腰省

（四）前后衣片归拔和熨烫定型

车缝好省道后，需要把省道烫平并烫拔延展，使省道不再是一个僵硬的省量，而是要更符合人体起伏的曲线。

1. 拔烫面布腰省（图3-1-51）

腰省往衣片中心线折倒烫平，右手握熨斗用力压住省道的一端，左手持省道另一端向身体内侧使力，一边烫一边用力拉拔，手势要快。用力拔开后再压实吸风固定。如遇难以归拔的面料，则可再来一次。另一侧的腰省拔烫方法相同，方向相反。具体可参考本系列《高定旗袍工艺详解》一册中归拔方法视频。

① 拔烫一侧腰省

② 拔烫另一侧腰省

◎**图3-1-51** 拔烫面布腰省

2. 面布胸省熨烫定型（图3-1-52）

把车缝好的省道压平，省缝朝上身方向。

① 将已经烫好的胸腰部省道放在布馒头

上，胸点对准馒头的最高点。

② 以胸点为中心烫倒省道。注意用力均匀、自然，以形成平滑的胸包。

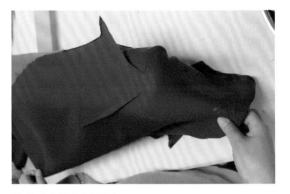

① 将胸省放在布馒头上

② 以胸点为中心烫倒省道，形成平滑的胸包

◎ **图3-1-52**　面布胸省熨烫定型 ①

3. 面布胸省熨烫定型（图3-1-53、视频9）

拔开面布腰省，把烫拔好的省道拨开，喷活因为省道下压的印子，预防在面布正面出现省道压烫过的印迹。

4. 面布前中拔烫（图3-1-54）

面布的两个省道中间的面料也略做拔烫，使衣片前中与已经拔开的省道长度一样变长，确保衔接平滑，不紧吊。

5. 面布侧缝腰节、臀部的归拔（图3-1-55）

侧缝线上有拔有归，手势不可做反。若做反了，不但起不到归拔的作用，反而把面料烫变形了。面布侧缝腰节处要拔烫，面布侧缝臀围处要归烫。

设定以靠近身体为内，离开身体为外。面布反面朝上，前片右侧缝烫拔手势要领：先右手用熨斗从胸下开始推动腰部面料向外拔开，熨斗来到腹围位置时左手手指拔着下方的面料向内归进。另一侧侧缝归拔用同样方法操作，但用力方向向反。

视频9　胸省的熨烫技法

③ 把烫倒的省道拨开喷掉印子

◎ **图3-1-53**　面布胸省熨烫定型②

◎ **图3-1-54**　面布前中拔烫

① 面布腰部侧缝拔烫

② 面布后片腰部向外拔烫

③ 臀围周边手向内推，熨斗轻轻喷气缩归

◎ **图3-1-55** 面布侧缝腰节、臀部的归拔

6. 面布大襟归烫（图3-1-56）

面布大襟弧线归烫定型。真丝重绉是比较容易归拔也容易松散的面料，所以在大襟弧度处可再次缩归喷烫。

7. 后衣片面布腰省归拔（图3-1-57）

后衣片面布腰省省道归拔方法与前片相同。

归拔后的后衣片面布示例：腰部侧缝处、省道处明显松弛起浪，比原来的裁片有了延展贴体的空间。

◎**图3-1-56** 面布大襟归烫

◎**图3-1-57** 后衣片面布腰省归拔

（五）前后衣片再次熨烫定型（视频10）

整身衣片面里布归拔结束后，再次熨烫牵条定位，使之固定不走形。

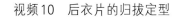

1. 侧缝归拔后烫牵条定型

胸部的隆起设有胸省。腹部、臀部也有隆起，但纸样上并不设省，两个侧缝隆起形成的多余褶量都靠归烫处理。

按纸样在前片侧缝的腹围线上下8cm左右、后片的臀围线上下10cm左右一段进行归烫后再烫牵条，牵条需要一头用熨斗按住，一手拿牵条拉起、扯紧，边喷边压（图3-1-58）。

侧缝有拔有归，对拔好的腰侧缝沿着拔开的曲线牵条定型；对有归拢腹围处、后片的臀围处需要缩烫牵条带紧黏合，另外开衩位置的两侧也需要略带紧。

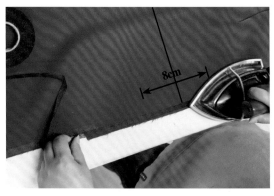

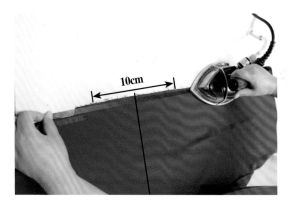

① 前片腹部外侧侧缝归烫后压烫牵条　　② 后片臀围线外侧侧缝归烫后压烫牵条

◎ 图3-1-58　侧缝归拔后烫牵条定型

2. 面、里布归拔后烫牵条定型完成（图3-1-59）

衣片定型完成，准备开始旗袍的缝制。

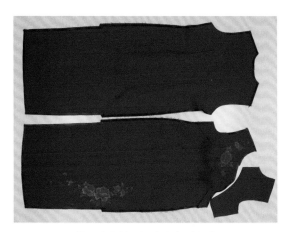

① 面布归拔后烫牵条定型完成图　　② 里布归拔后烫牵条定型完成图

◎ 图3-1-59　面、里布归拔后烫牵条定型完成图

（六）缝制小襟

旗袍衣片缝制先从小襟开始做起，见图3-1-60。

把定型好的小襟面布与里布拼合前中、下面弧线部分，留出领口、肩缝和袖窿不缝合。缝合时，面布送推、里布略带紧缉线，使缉线完成后呈现里紧面松，缝合后修剪缝头至0.6cm，翻过来里布带着缝头缉0.1cm反止口线，再烫平，注意止口不能反吐。具体步骤和方法如下：

① 缝合小襟。将小襟面缝里布正面相对，缝合前中、下面弧线。

② 车缝止口线。拔开缝合的地方，缝头朝里布方向与里布一起车缝反止口线0.1cm。

③ 修剪缝头。缝头修剪至0.6cm左右。

④ 烫止口。把面料翻到正面，熨烫止口线，注意面布缝线盖里布0.1cm，使里布不反吐。

① 缝合小襟弧线

② 车缝止口线

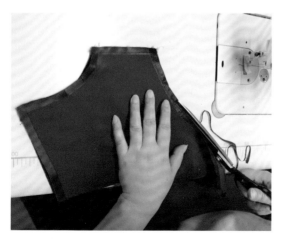

③ 修剪缝头

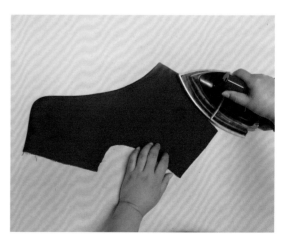

④ 烫止口缝线

◎ **图3-1-60** 缝制小襟

（七）裁片三线包缝

为防止真丝面料泄丝，需把面布、里布裁片的肩缝、侧缝的缝头进行三线包缝，见图3-1-61

（八）底摆、开衩滚边

把里布、面布开衩处和底摆缝合起来，并完成滚边。开衩和下摆滚边的具体缝制方法在本系列书中《高定旗袍手工工艺详解》一册的滚镶边一节有详细讲解。

1. 面、里布底摆缝制（图3-1-62）

① 面布底摆缝合。把底摆贴边与面布大身底摆缝合。

② 里布底摆卷边。里布底摆卷边1cm。

2. 面、里布的开衩缝合（图3-1-63）

对齐衣衩衩位刀口后，把里布、面布的下摆两侧开衩部位缉线缝合。面与里的底摆不缝合保持脱开的状态。

① 这件刺绣旗袍的下摆和开衩采用滚边制作，需要开衩的面、里的侧缝先缝合起来。缉线时，要把里布长于面布的1cm的量均匀吃在拼缝线上，为的是衣服在穿到身上时，里布不会悬挂下垂过多而使面布开衩位置起皱。

② 另一边从开衩位到拉链结束的位置缝合好。

◎ 图3-1-61　裁片三线包缝

① 面布底摆缝合

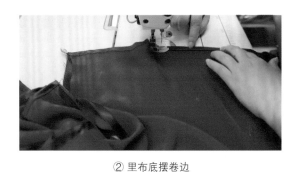

② 里布底摆卷边

◎图3-1-62　面、里布底摆缝制

① 一侧从开衩位置开始缝合

② 另一侧从开衩位到拉链结束位置缝合

◎图3-1-63　面、里布的开衩缝合

3. 制作滚、镶条

取已经裁剪好的斜条开始滚边、镶边条制作的准备。本件衣服的滚边采用既镶又滚的装饰手法，滚0.8cm，镶0.2cm。这也是一种常见的双色镶滚法。宽窄可以按设计变化，制作方法基本一致。

选已经裁剪好的金色条镶细边，红色条用来滚大身边缘。具体步骤和制作方法如下：

（1）滚边条包棉绳（图3-1-64）

① 缝纫机换成单边压脚，把0.3cm棉绳用需要滚镶边的斜条面料包裹起来，靠近棉绳包裹处的边缘缉线，保持粗细均匀。

② 单边压脚包0.3cm斜条时可以看准机器上的0.3cm刻度车线，双手一前一后协调向前推送，直至条子长短够包裹整身需要的滚边长度。

① 斜条包棉绳

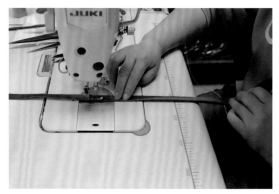

② 压脚靠紧棉绳

◎图3-1-64　滚镶边条包棉绳

（2）制作滚镶边条（图3-1-65）

① 滚边条和镶边条进行缝合。

把0.3cm的金色条放置在左侧，缝头对准滚边的扣烫好的一侧，车缝在扣烫的折印上。

② 滚边条修剪缝头。

滚条缉线完毕后，里面多余不匀的部分修剪整齐，留1cm做缝份。

③ 烫滚边条

沿着镶边条的缉线印子烫平。保证镶边条的镶线均匀。

④ 扣烫滚边条

保持0.8cm均匀宽度，扣烫完足够制作需要长度的滚边条。

⑤ 扣烫好的滚镶结合的条子。

① 滚边条和镶边条进行缝合

② 滚边条修剪缝头

③ 烫滚镶边条

④ 扣烫滚镶边条

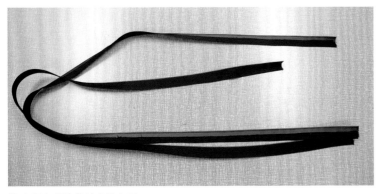

⑤ 扣烫好的滚镶结合的条子

◎ **图3-1-65** 制作滚镶条

（3）底摆及开衩两侧滚边的制作（参见本系列书中《高定旗袍细部工艺详解》一册开衩部位视频）

① 底摆及开衩两侧滚边的线路：从开衩点上3cm开始滚开衩侧边到底摆转角→从转角处再继续滚边底摆到开衩转角→从转角处再继续滚边开衩侧边到开衩点上3cm止。前后片滚边方法相同。

② 底摆及开衩两侧滚边要点（图3-1-66）

滚边时，滚条在上，底摆及开衩侧边在下。滚边条要比开衩点上长出5cm，从开衩口开始用一只手带着滚边条，一手送布，包住开衩侧边及摆。

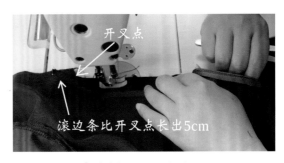

① 滚边条比开衩点长处5cm

② 包住开衩及底摆

◎**图3-1-66** 下摆及开衩两侧滚边要点

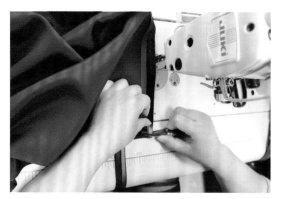

① 方法一

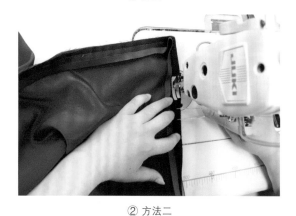

② 方法二

◎**图3-1-67** 两侧开衩及下摆滚边工艺处理

（4）两侧开衩及下摆滚边转角处的工艺处理（图3-1-67）

针线从开衩侧边处到底摆转角处（或从下摆到开衩侧边转角处）有两种工艺处理方法：

① 方法一：滚边到转角处，剪刀剪断滚边条，直角转动布面再重新从下摆处起头进行滚边。

② 方法二：滚边至转角处，里角对折捏一角，让滚边条外沿顺势直角转弯，再缉线至开衩处约3~4cm停。衩口位置上方多留5cm左右滚条用做开衩的上口包住侧缝接口的部分。

（5）开衩位上端折成三角形（图3-1-68）

滚条缝制起止点是开衩点上3~4cm。要为开衩部位的上方折对角留出余量，最上端余量折成的三角形要在正面车缝压线，如果不想有明线，也可以手工暗针固定。具体步骤和工艺如下：

①

②

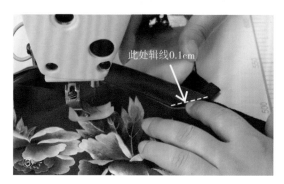

③ 此处缉线0.1cm

④

◎**图3-1-68** 开衩位上端折成三角形

① 开衩位上端滚边的边缘处需要把镶边的棉绳拆开剪掉，让折边更薄一点。

② 衩上口需要压住三角缉线。

③ 压线后修线毛，再看一下折边处是否平整。

（6）修剪滚边缝头并熨烫平整（图3-1-69）

① 滚边结束后修剪缝头。包好的底摆处，把不均匀的毛边等再修剪整齐至0.8cm。

② 包完开衩一圈后，衩上口烫平。熨烫滚好边的底摆，注意每一个衩上口滚边折角烫平的条子的长度要一致，45°角度要对牢。

（7）前、后片开衩缝合

缝合要点：做开衩的上口缝合时，开衩口滚边布的开端处在实际开衩点上方，注意不要车到底下那层里布（图3-1-70）。

① 用镊子把滚边条顶端折好的45°角，对准角度，上下一致从顶端往开衩下面车线（图3-1-71）。

② 这一段滚边条只车住面布部分，防止里布被车住，缉线时里布往里塞进去，车好后再查看里布没有被车住（图3-1-72）。

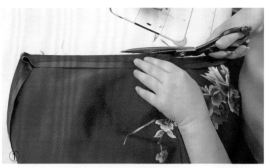

◎ **图3-1-69** 修剪滚边缝头并熨烫平整

◎ **图3-1-70** 前后片开衩缝合

◎ **图3-1-71** 两层滚边条顶端折好45°角对准后车合

◎ **图3-1-72** 里布塞进两层面布里面，滚边条只车住面布部分（为防止里布被车住，需塞到拼合里侧）

① 开衩的两个折角位置对准

② 从开衩上口往开衩处缝合

◎ **图3-1-73** 左右开衩两个折角高度一致

③ 做开衩的另一面时，需要确保两个折角高度一致、折角一致后再缉线（图3-1-73）。

④ 衩的两端合起来后检察开衩口左右对称，折角一致（图3-1-74）。

旗袍开衩部位的做法详情可以参考第一章滚镶边的制作工艺里的衩的制作工艺。

◎ **图3-1-74** 检查开衩口左右对称，折角一致

（九）缝合肩缝

1. 分别缝合面布和里布肩缝（图3-1-75）

① 缝合面布肩缝。前片肩缝在上后片肩缝在下，缉线时要以上面的前肩缝拉下面的后片肩缝送的手势缉线，使肩缝向前片窝起。

② 缝合里布肩缝。缝合方法同面布肩缝。

① 缝合面布肩缝

① 缝合里布肩缝

◎ **图3-1-75** 缝合面布和里布肩缝

2. 肩缝劈缝烫开

分别将面布、里布肩缝劈缝烫开（图3-1-76）。

3. 半成品挂在人台上检查

（1）准备一个最接近客户体型的人台（图3-1-77）

客户体型大多并不如人台标准，常见如胸围、臀围分属不同型号。碰到这样的问题要在侧缝合缝成衣之前选取不同尺寸的人台来试不同部位。比如客户的人体净胸围尺寸88cm，臀围却有98cm，则分别要在88人台（胸围88cm）上看胸腰的线条是否吻合，在92人台（臀围98cm）上看臀腹部的线条是否吻合。许多客户并不能到店试穿，因此我们要尽力制作出一个接近客户体型的人台模特做造型、整烫、试穿和调整用。

现在正在制作的旗袍的客户体型净胸围96cm，臀围97cm。客户的身体前半部分胃腹部凸出明显，但又具有后腰挺、臀翘的体型特征，在找到接近胸臀围尺寸的人台后，胸下胃凸的地方还需要包裹合适体积的软包，使尺寸大小和凸起的位置均模仿出客户体型。

（2）将拼好肩缝的衣片挂在人台上检查（图3-1-78）

先查看大小襟中与人台中心线对准后，大片能否完全对牢小襟记号线。如对准，就要查看前片胸围上部分有无出现空鼓或扯紧的现象，

① 烫开面布肩缝

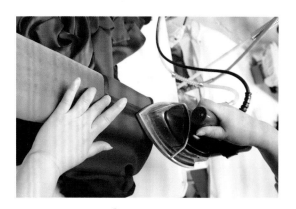

② 烫开里布肩缝

◎ 图3-1-76 分别将面、里布肩缝劈缝烫开

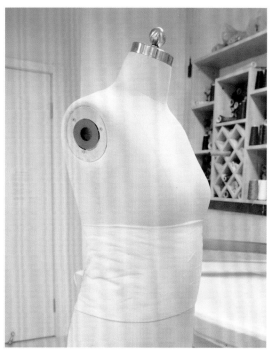

◎ 图3-1-77 准备人台

图3-1-78 拼好肩缝的衣片挂在人台上检查

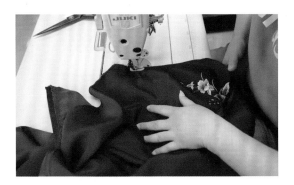

① 从大襟侧端开始缉线

② 大襟缝合至前中

③ 缝合领面、领里的领圈

◎ **图3-1-79** 车缝固定大襟及领圈的面里布

肩缝对齐后看领圈、前后袖窿圈的线条是否顺畅，前后片肩归拔后的状态是否吻合人体肩部的造型。通过观察有无起皱问题、弧度是否圆顺等，确定是否对细节进行调整和修改。

（十）绱领（视频11、视频12）

缝制要点：首先把大襟弧线、领圈的面里两层合起来，面领与大身面布领圈对位点固定缉线。再把领里与里布大身领圈定位，合缝。缝头在圆凳上朝上扣烫，把缝头修成高低缝，朝领面的缝头修成0.8cm，领里缝头修成0.6cm。领里与领面手工缲住固定。熨烫领圈缝头，缝头朝上倒。领里、领面上口0.2~0.3cm处车缝一道线。具体步骤和方法如下：

1. 车缝固定大襟及领圈的面里布（图3-1-79）

把大襟弧线以及领圈的里、面缝合，在缝份边缘外缉线0.3cm。

2. 套在人台上熨烫，修顺领圈（图3-1-80）

将缝制的半成品套上人台，固定好大小襟，对胸围胸高点位置容易起鼓包的地方喷烫平整，并把领圈一周修顺。

视频11　绱领的步骤（一）

视频12　绱领的步骤（二）

① 熨烫胸包处

② 修顺领圈

◎ **图3-1-80** 套在人台上熨烫、修顺领圈

◎ 图3-1-81　绱领面

◎ 图3-1-82　领圈缝头弯处打刀眼

3. 绱领面

① 取下衣身，领面在上、衣身缝头在下，面面相对，将领面和衣身领圈拼合（图3-1-81）。

② 拼好后，为了不让领子竖起来时领圈缝头扯紧，要在领圈缝头一周弯处均匀打些刀眼（图3-1-82）。

③ 再套上人台看单片领面的效果，要保证领口圆顺地围合住脖子。查看领底一周绱领匀称，圆顺，无起皱、鼓包等问题，再缝合领里、领面（图3-1-83）。

◎ 图3-1-83　套上人台检查领面是否圆顺

4. 绱领里（图3-1-84）

① 将拼好衣片的领面放在上面、领里放在下，沿领底缝头缉线。

② 把绱领的缝头修成高低缝，领面缝头留0.6cm，领里缝头留0.4cm。

① 沿领底缝头辑线

② 修剪缝头成高低缝

③ 修掉领子两端的缝头

◎ 图3-1-84　绱领里

◎ 图3-1-85 领面和领里上领口缉线固定

① 修齐领头

② 熨烫领头

◎ 图3-1-86 领子上口修齐整后整烫

◎ 图3-1-87 半成品领子成圆柱状

③ 修掉领子两端的缝头，修成2~3cm的斜角，领头处留下0.3cm的缝头，使领面、领里对折后两个领头的缝头不会堆积在前中。

5. 领面和领里上领口缉线固定、熨烫

① 领面、领里上领口先缉线0.2cm左右固定。注意缉线时领里要比领面拉得紧一点，使领面自然向领里窝起（图3-1-85）。

② 修剪掉领两侧因领里比领面带紧缉线造成的约0.2cm余量。将领放到烫台上按拔领的方向向内窝拢领头，再放到布馒头上定型。然后整烫领底与大身缝合的部位，使领部更加自然（图3-1-86）。

③ 绱领完成后，半成品领子成圆柱状，站姿挺立（图3-1-87）。

（十一）缝合侧缝，绱拉链

缝制要点：

缝合侧缝：先缝合不装拉链的侧缝，从侧缝止口缝合至开衩点。腰部内弧弧度较大的部位为了能使腰部曲线得到延展，需适当打剪口，并放置在烫凳上劈缝烫开，烫倒，不能有坐缝。再缝合小襟与另一侧侧缝。小襟与大襟的对位点就是拉链起点，准备装拉链。侧缝从拉链止口起，缝合到开衩点，并劈缝烫开。

拉链与里布缝合：里布与拉链牙齿可以略留缝0.2cm，里布不必太靠近牙齿，以免拉动拉链时带到里布。再次烫开侧缝。

1. 核对尺寸（图3-1-88）

缝合侧缝、装拉链之前，对胸、腰、臀、胃凸等重要部位尺寸进行核对。

2. 分别缝合面布和里布的侧缝（图3-1-89）

把不装拉链一侧侧缝的面布和里布的缝头缝合。

◎ 图3-1-88　核对尺寸

① 缝合面布侧缝

② 缝合里布侧缝

◎ 图3-1-89　缝合面布和里布的侧缝

3. 装拉链（视频13）

（1）缝合小襟与后衣片侧缝（图3-1-90）

需要装拉链的一侧，小襟与后衣片面布侧缝缝合至装拉链的位置，里布的缝头只要从侧缝最顶处往下拼合到拉链止口位置后回车。

（2）装拉链

① 面布装拉链步骤一：将里布掏出，把准备好的拉链码带开口朝上，拉链尾在下放置。码带的一头略超出面布拉链对位点放好，面布在下，拉链牙齿码带的交界线为绲缝线码带在上，缝头对齐，从后片腋下起针，用单边压脚装拉链（图3-1-91）。

② 面布装拉链步骤二：一头拉链装好后，拉合拉链到接近拉链位置的地方，使拉链牙齿对准，从另一边侧缝的拉链位置开始绲线。拉链在腰节的地方要打刀眼，使拉链跟腰线吻合（图3-1-92）。

视频13　旗袍拉链的缝制方法

◎ 图3-1-90　缝合小襟与后衣片侧缝

◎ 图3-1-91　拉链码带开口朝上，从后片腋下开始装拉链

① 另一侧从前片拉链下止口往上装

② 装拉链另一侧

◎ **图3-1-92** 面布装拉链步骤二

③ 里布装拉链：里布装拉链时，拉链码带被面布遮盖住了，注意一定要把码带、面布缝头对齐（图3-1-93）。

（3）包拉链尾端

① 装至拉链止口后掉头到另一侧将拉链装好，预留3cm后剪下尾部多余的码带，需要将拉链尾端包住。通常利用丝质码带柔软的横丝来裹住拉链头（图3-1-94）。

② 包好的拉链头（图3-1-95）。

（4）检查装好的拉链（图3-1-96）

试拉一下装好的拉链。要求：拉链拉动时不卡布，码带整齐不错位，布料两边对称。正面闭合不露齿，反面里布与码带留有距离，不紧绷。

◎ **图3-1-93** 里布装拉链

◎ **图3-1-94** 包拉链尾端

◎ **图3-1-95** 包好的拉链头

◎ **图3-1-96** 检查装好的拉链

4.熨烫

（1）套进烫台手臂进行熨烫（图3-1-97）

装好拉链后将衣服套进烫台手臂，先烫装拉链侧缝，再烫另一侧侧缝。

（2）熨烫侧缝拉链要点（图3-1-98）

熨烫拉链时，把衣身摆平整，拉上拉链，用左手指一边拨开拉链两边的布料，一边快速熨烫。熨烫过程中遇到大身腰节处、侧缝腰节处手势依旧是拔拉姿势。

◎ **图3-1-97 套进烫台手臂进行熨烫**

① 熨烫拉链顶端

② 熨烫整条拉链

◎ **图3-1-98 熨烫侧缝拉链**

（3）用吸风烫台再次熨烫拉链（图3-1-99）

接着开启烫台的吸风系统，拉开拉链，对装好的拉链按侧缝归拔方式对腰部再次拔烫后定型。

为防止里布在拉链拉动时咬齿，烫里布缝头时，止口线需与拉链码带保持0.5cm左右的间距。

① 正面熨烫单边拉链

② 熨烫里布拉链

◎**图3-1-99 吸风烫台再次熨烫拉链**

（4）熨烫面布侧缝（图3-1-100）

把面布不装拉链的侧缝缝头开缝烫平。注意腰节的弧线部位要拉着喷烫。

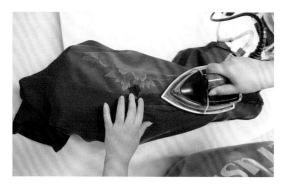

① 熨烫侧缝

② 腰节部位拔拉烫

◎**图3-1-100** 熨烫面布侧缝

（5）熨烫里布侧缝（图3-1-101）

里布侧缝也开缝烫平，注意腰节部位拉着烫。

（6）熨烫侧缝开衩口（图3-1-102）

衣服翻至正面，把侧缝开衩口部位也熨烫平整。

◎ **图3-1-101** 熨烫里布侧缝

◎ **图3-1-102** 熨烫侧缝开衩口

（十二）核量全身尺寸，全身滚边

在开始领、门襟的滚边前，需要再次测量核准成衣尺寸，即核查胸、腰、臀、腹等部位的尺寸是否符合客户的成衣尺寸。

1. 半成品围度部分尺寸校对（图3-1-103）

对完成的半成品旗袍的胸围、腰围、胃凸处、臀围等围度部位的尺寸进行测量，如不符合尺寸要求，应作相应的调整。

① 胸围测量

③ 臀围测量

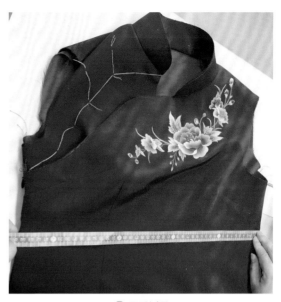

② 腰围测量

◎ **图3-1-103**　半成品围度部分尺寸校对

| 视频14　门襟和领子的滚边方法（一） | 视频15　门襟和领子的滚边方法（二） | 视频16　门襟领圈滚边完成以后的熨烫技巧 |

2. 大襟和领子滚边（视频14~视频16）

① 大襟滚边（图3-1-104）。将准备好的滚镶边条子，从大襟侧缝端口处出发沿着大襟弧度缉线，滚好的大襟边，滚边条要松，弧线处不能拉紧，以防止大襟变形。

② 领子上沿滚边（图3-1-105）。滚边到前中点时沿着领角继续滚边领子上沿口，注意领口交界处的转角处的处理（参考本系列书中《高定旗袍手工工艺详解》一书里门襟和领子的滚边制作工艺）

③ 检查滚边缝制质量（图3-1-106）

拨开检查滚边的镶边条要粗细均匀，再检查领角拐弯处不能吊紧。

◎ **图 3-1-104**　大襟滚边

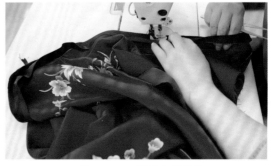

◎ **图3-1-105**　领子上沿滚边

① 检查大襟镶边条

大楼与领子转角处

② 检查领角拐角处

◎ 图3-1-106 检查滚边缝制质量

◎ 图3-1-107 滚边内的缝头为0.8cm

① 将领子和大襟放在烫凳上，拨开缝头

② 熨烫领滚边

◎ 图3-1-108 熨烫大襟和领子滚边

④ 滚边内的缝头为0.8cm（图3-1-107）。如有不平整的部位要修齐。保证缉线距滚边的边缘保持均匀的0.8cm。

3. 熨烫滚边

① 熨烫领子和大襟滚边（图3-1-108）。将领子和大襟放在烫凳上，先把滚边布缝头拨开，压烫领边一周。

② 滚边烫匀0.8cm（图3-1-109）。再把滚边向领内包紧，扣烫匀0.8cm。

◎ 图3-1-109 滚边烫匀0.8cm

③ 熨烫大襟部分（图3-1-110）。先把滚边布拨开烫平拼缝线，再依次熨烫大襟的弧线、领角与前中的拼合处，把折边向内扣进，熨烫滚边。拿着熨斗的手腕要跟着需要熨烫的大襟弧线线条边喷蒸汽缩烫边转动，左手做配合，使熨斗流畅地向前推进。

④ 熨烫领和大襟的转角（图3-1-111）。

a. 用左手帮助拉出领和大襟的转角处角度，熨斗用力烫压实。

b. 大襟包烫领角整理后呈自然转角的状态。

◎ **图3-1-110**　熨烫大襟部分

① 用手固定领和大襟的转角

② 熨烫定型转角

◎ **图3-1-111**　熨烫领和大襟的转角

（十三）套在人台上检查制作好的大身部位

把完成全身滚边的衣服套到人台上，先把领子贴牢人台颈部穿好，领口、大小襟按照线钉的对位点用珠针别住。仔细观察门襟对位是否严丝合缝；绱领后的领圈、肩缝转弯处会不会带紧；前胸有没有起空等问题。这里最容易出现的问题是大襟与小襟对位线不吻合，如果发现大襟弧线长于小襟的记号线时，说明大襟在滚边缝制时拉长了，需要拆掉，带紧牵条重新滚边。如果没有问题，则测量后肩宽、前肩宽是否与客户体型吻合，观察袖窿弧度是否圆顺，并略作修顺工作，准备绱袖。

1. 检查领子伏贴度、大小襟对位（图3-1-112）

把衣服穿上人台，把领子后中往前拉一下，使衣服后领贴紧脖根，不使衣服后仰。在人台上将大小襟对位对好，用珠针别好衣服固定。

◎**图3-1-112**　检查领子伏贴度和大小襟对位

◎ 图3-1-112　细节部位喷烫

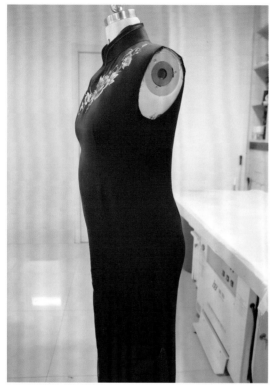

◎ 图3-1-113　观察全身造型和工艺

2. 细节部位喷烫（图3-1-112）

将前襟、领窝、肩颈、刺绣部位等仔细喷烫，确保弧度位置平顺，不吊紧，不起皱。

3. 观察全身造型和工艺（图3-1-113）

拉上拉链，观察全身造型和归拔是否到位；袖窿线是否圆顺，腹部是否符合客户胃部隆起的造型，为绱袖做好准备。

4. 核对前后肩宽、背宽、胸宽（图3-1-114）

测量前后肩宽、背宽、胸宽等尺寸要与成衣要求相吻合。检查完毕，准备做袖子、绱袖子。

（十四）绱袖子

绱袖前的准备工作和绱袖工艺要点。

（1）绱袖前先缝合袖底缝。先要将后袖缝线在肘关节处归缩，前袖缝线在肘关节处拔开，使袖子缝合后成人体手臂自然的略弯弧形。

（2）袖山吃势的处理方法。一般情况下，袖山弧线比袖窿弧线大1～2cm，多出来的1～2cm需要吃在袖子的袖山头8～10cm处，也就是要在前后袖窿弧线顶部4～5cm的地方全部吃进。

① 测量后肩宽

② 测量后背宽

◎图3-1-114　测量肩宽、背宽

袖山吃势一般有两种方法

用手工拱针以每厘米约两针的间距，或者缝纫机将机器针距刻度调到最大缉线，沿着袖山弧线净线相距0.2cm的地方跑一道辅助线，然后两头拉住线端用手慢慢调匀抽紧，边抽边与袖窿比一下大小，基本吻合后，为防止滑脱两头需要打结固定。

接着给人台肩部套上假臂，把袖子放到假胳膊上看袖山的饱满程度和吃势是否匀称，是否需要调整，袖子是不是略向前侧缝倾。里布袖山同理抽紧吃势，比好大小。

③ 按纸样对位点比对，注意两个臂围如果大小不一，袖窿也就大小不同，这样的情况需要按尺寸分别调整。再次检查袖窿与做好造型的袖子尺寸是否刚好一致。

④ 袖里布围度尺寸要比面布略松0.5cm。

⑤ 绱袖时，大身面料在下，袖子在上，用镊子推着袖山进行绱袖子。注意先做一个袖子，观察袖型和袖山的吃势要圆顺，然后再来装另一个袖子。

⑥ 袖子里布和袖子面布的腋下底缝缝头之间需要用一条小布条牵牢，防止穿脱时候袖里外吐。

具体操作步骤和工艺制作方法如下：

1. 缝合袖底缝

（1）分别缝合袖底面、里布的袖底缝（图3-1-115）

　　　① 缝合面布袖底缝　　　　　　　　　　　② 缝合里布袖底缝

◎ **图3-1-115**　分别缝合袖子面布、里布的袖底缝

（2）分别劈缝烫开面袖、里袖的袖底缝（图3-1-116）

◎ **图3-1-116**　劈缝烫开面袖、里袖的袖底缝

2. 抽缩袖山吃势

（1）长针假缝袖山吃势（图3-1-117）

放长针（把缝纫机器上的针距刻度调到最大值）距边0.6cm缉线一周假缝袖山弧线。

（2）抽匀袖山吃势（图3-1-118）

把长针假缝线抽紧拨匀，大小调到与袖隆圈尺寸一致，吃势集中在袖山顶端10cm左右处。面袖和里袖方法相同。

◎图3-1-117 长针假缝袖山吃势

◎图3-1-118 抽匀袖山吃势

3. 袖口滚边

（1）面、里袖套合（图1-3-119）

分清左右袖的面、里布，分别把面、里袖袖子缝头对准，套在一起。

① 分别对准左右袖面、里布缝头

② 面、里套在一起

◎ 图3-1-119 面、里袖套合

（2）袖口滚边（图3-1-120）

把袖子的袖口面布、里布先缝合在一起，滚边条沿着0.8的边距滚好边，起头和结束均需留1cm用来把滚边条用环形接头接好。

① 缝合袖口的面、里布

② 袖口滚边

◎ 图3-1-120 袖口滚边

（3）滚边头的处理（图3-1-121）

滚边一圈到头后留1cm剪断，与起头的1cm拼合起来，修掉太宽的缝头至0.5cm，成为一个完整的滚边圆环。

① 滚边头剪断留1cm

② 滚边布拼接成圆环

◎ **图3-1-121**　滚边头的处理

（4）熨烫袖口滚边（图3-1-122）

把袖口滚边条套在烫台手臂上转着圈一周压烫缉线处，再把滚边布往里包紧，再次压烫。

4. 套在人台上检查假缝的袖子

① 人台上装假臂（图3-1-123）。给人台装上假臂，调整好手的方向，准备把袖子放到人台上观察效果。

② 对准袖子与衣片的对位点（图3-1-124）。把袖子套进假臂，装袖刀眼对准肩缝外端点。注意袖子有左右，不可放反。

◎ **图3-1-122**　熨烫袖口滚边

◎ **图3-1-123**　人台上
装假臂

① 袖山点对位

② 袖底缝和袖窿底缝对位

◎ **图3-1-124**　对准袖子与衣片的对位点

③ 珠针假缝固定袖子，检查袖型（图3-1-125）。依次把前袖窿与前袖山弧线固定好，后袖窿与后袖山弧线固定好，用珠针别住假缝固定后，观察袖型要如人的手臂一样略向前倾，在手臂的自然状态下袖窿大小与袖山弧线长度一致，前袖山与后袖山不起绺、手臂部分没有牵扯的褶皱，这样算是没有问题。

检查结束后，接着就是机器制作部分的最后一步：绱袖子。

5. 绱面布袖子

① 检查袖窿和袖山尺寸（图3-1-126）。正式绱袖前比对两个袖窿大小是否一致，袖窿和袖山的尺寸大小是否吻合。

◎ 图3-1-125 假缝固定袖子，检查袖型

◎ 图3-1-126 检查袖窿和袖山尺寸

① 从袖窿底的缝头开始绱面袖

② 车缝绱袖（图3-1-127）。再次确认前后袖窿线无误，袖底缝对准大身侧缝顶端。装袖时都是袖子缝头在上，袖窿缝头在下，布料正面相对，整理好后用压脚压住，从袖底缝开始车缝，左手推着转动弧线，右手在底下拉动大身袖窿布料，要防止运速不同而造成装袖不圆顺。

② 左手配合右手转动

◎ 图3-1-127 车缝绱袖

③ 绱袖要点（图3-1-128）。车缝至袖山抽缩部位时把面布袖子的抽缩量用镊子匀速推着慢慢吃进大身袖窿上。

工艺难点：袖山上推着装弧线时注意手势的均匀，袖子从袖底缝到前胸宽、袖底缝到后背宽的之间的下弧线不能有吃量。

④ 另一侧装袖方法相同（图3-1-129）。袖子在上，衣身袖窿在下，车缝绱袖，右手带衣身缝头，左手送袖子缝头。

⑤ 检查绱袖效果（图3-1-130）。绱好面布袖子的衣服再套到人台上看装袖的状态。装袖容易发生的问题是袖子后甩，袖山头不饱满。袖子后甩说明袖山对位点需要向后挪移。袖山不饱满说明袖子吃势不够，袖山弧线的量与袖窿弧线量相比不够大。因此最好先做一个袖子套到人台上看有无问题，等调整准确后再装另一个袖子。

6. 绱里布袖子

绱袖方法同面袖（图3-1-131）。

7. 布条固定面、里袖（图3-1-132）

为了防止装好面、里布的袖子的两层活动脱开，需用本布条在面布袖底与里布袖底之间的缝头车缝牵住袖底缝，布条空隙量（约2cm）作为里面布之间的活动量。

◎图3-1-128　绱袖的袖山抽缩部位要用镊子推着走线

◎图3-1-129　另一侧装袖方法相同

◎图3-1-130　检查面袖绱袖效果

◎图3-1-131　绱里布袖子

◎图3-1-132　布条固定面、里袖

（十五）手工缲滚边里侧，全身整烫

装好袖子，检查各部位缝制没有遗漏后，进行全身整烫。

1. 手工缲滚边里侧

① 修剪镶边缝份（图3-1-133）。手工缲边前，领子、袖口等滚边部分因为有多层镶边的缝头，为防止滚边后太厚显得笨重，还需要对多余的镶边部分缝头修剪至0.3cm。

② 同色线缲边（图3-1-134）。用同色缝纫线，只需单线缲边，并保持缲边的针脚密度一直。

③ 从领里内侧起针缲边（图3-1-135）。先把领子内里的滚边条布头折成平整的直角，从此处起针，领子转弯处针脚密一点。

④ 领子和大襟缲边要点（图3-1-136）。手势向内成窝状，把领至大襟弧线全部均匀缲好，最后的多余折边包住拉链头码带的上端。

2. 全身整烫

① 熨烫手工滚边部分（图3-1-137）。把手工做完滚边的部分吸风定型整烫，注意滚边一定要做到粗细均匀。

② 熨烫大襟部分（图3-1-138）。大襟弯处再归一下。一手可以帮助后拉，一手拿熨斗喷烫。

◎ 图3-1-133 修剪镶边缝份

◎ 图3-1-134 同色线缲边

图3-1-135 从领里内侧起针缲边

◎ 图3-1-136 领子和大襟缲边要点

◎ 图3-1-137 熨烫手工滚边部分

◎ 图3-1-138　熨烫大襟部分

③ 全身整烫（图3-1-139）。将衣服再次套到人台上，全身喷烫一下，然后冷却放置一段时间定型。

（十六）准备扣条和扣子，按扣位钉扣子

1. 确定扣位线（图3-1-140）

在缝好的成品旗袍上调整扣位到最佳位置，用手针重新做上记号，并用缝纫机长针距车辅助线。

2. 车缝双色扣条（图3-1-141）

把两色不同的斜条车缝两道线，线与线之间相距0.6cm。扣条长度按照扣子所需的长度准备好。

◎ 图3-1-139　全身整烫

◎ 图3-1-140　确定扣位线

① 准备好双色斜条

② 缉双线，线距0.6cm

◎图3-1-141　车缝双色扣条

3. 做琵琶扣

翻好扣条，做琵琶扣，扣子做法详见本系列书中《高定旗袍手工工艺详解》一册琵琶扣制作方法。此处略去。

4. 钉琵琶扣（图3-1—142）

① 领子上钉扣（图①）。按扣位线将扣子钉在领子上，先钉大襟这边的球形扣头扣子，再钉小襟这边的环形扣头扣子。注意针法均匀，高度均匀。

② 门襟上钉扣。按扣位线将扣子钉在门襟上，同样先钉大襟这边的扣子，再定小襟上的扣子。扣头在同一侧必须相同。注意针距均匀，高度均匀。

5. 钉完扣子，清除扣位记号线。

① 领子上钉扣

② 门襟上钉扣

◎图3-1-142　钉琵琶扣

第二节 连肩袖开襟旗袍的缝制方法

一、概述

1.款式描述

连肩袖有两种结构。一种是十字连肩：全身由一块布料去除多余部分缝制，十字连肩袖更为传统，穿着后肩和腋下堆积量较多，这种结构虽活动自由，却不显身材，喜欢的人不多。另一种是前后分片连肩。这种前后分片连肩袖结构既保持了连肩袖的味道，又去除了一部分多余的堆积量，使衣服保持古典美的同时，又能兼顾抬手的舒适性，是复古旗袍最常见的款式之一。

本章介绍的这款旗袍是前后分片连肩的结构，为全开襟、双滚边连肩袖中长旗袍。为体现穿着者的身体曲线，在衣片上设计了胸腰省，而老式裁剪法也可以不做省，尺寸需要多放松量（图3-2-1）。

① 客户着装效果　　　　　　　　② 人台穿着效果

◎**图3-2-1**　连肩袖开襟双滚边中长旗袍

2. 面料、里料及辅料选用

面　料：姜黄色真丝花罗。

里　布：米黄色真丝双绉。

滚边布：白色、黄色真丝弹力缎。

辅　料：1cm宽的黏合牵条、领衬。

面　料：真丝罗介绍：纯蚕丝制造，织物质地紧密，为表面有两经绞纱或三经绞纱的绞孔通风织物，穿着舒适凉爽，产地主要在苏州和杭州，杭州产的罗也称杭罗。罗分花罗、素罗两种，目前国内仅有几家丝绸厂还保存着罗的织造技艺，罗织物在2009年被世界教科文组织列入"世界非物质文化遗产"名录。

3. 客户体型描述、样板处理要点及工艺难点

（1）客户体型描述

此位客户身高158cm，身材偏瘦，骨骼纤细匀称，属于圆体型。脖子和腰节偏长，臀围翘。气质古典，热爱传统文化，喜欢复古风格的旗袍，不喜欢服装太长以免显得拖沓。

（2）样板处理要点

碰到身体瘦小的客户，成衣的放松量可以略大，视觉上减弱单薄的感觉。纬度尺寸可加放4cm。腰节到臀围的距离偏长的处理方法是后省过腰节后保持腰省量延长至臀尖时收紧。

（3）工艺难点

本款旗袍制作的重点是全开襟做法和连肩袖袖子部位的处理。难点在于完成衣片后因为滚过边的大襟很容易与小襟这边的侧缝长度不一致，制作时需要对准刀眼记号，并且归拔后需要再比对长度。连肩袖的前肩缝过肩点后要拔开1.5~2cm，再与后片肩缝拼合。还需要客户实际试穿，检查穿着后人体的肩膀和手臂的舒适程度，如果感觉吊紧、压迫肩膀，还需要拆开，按照人体舒适的松量再作调整。

4. 客户款式设计图及定制尺寸表（表3-2-1）

表3-2-1 客户款式设计图及定制尺寸表

客户定制尺寸单

单位：cm

姓名		Z姓客户		身高		158	体重	44kg	联系方式	
序号	部位	测量	成衣	序号	部位	测量	成衣	设计款式图		
1	胸围	81	84	18	胸距	14				
2	胸上围	78		19	肩颈点到胸下	31				
3	胸下围	72	78	20	肩颈点到腹凸					
4	腰围	60	64	21	左/右 夹圈	39				
5	胯上围/裙裤腰围	71	75	22	左/右 臂围	24				
6	腹围			23	袖长	25				
7	胯围	75	79	24	袖口					
8	臀围	88	92	25	前衣长					
9	下臀围			26	裙长	110				
10	前肩宽			27	裤长					
11	后肩宽	36.5		28	全裆长					
12	后背宽	31.5		29	肩颈点到膝					
13	后背长	37		30	腰到 小腿					
14	肩颈点到臀凸	60		31	前直开					
15	颈围	32/35		32	大/小 腿围					
16	前胸宽	31		33	前腰节长	41.5		面料小样：姜黄色真丝花罗，全开襟连肩袖做法		
17	胸高	23.5		34	后腰节长	39.5				

体型特征						总金额		付款方式	
站姿		肩型		脖型					
含胸		溜肩		高脖	✔	设计 时 间		设计师	
挺胸	✔	平肩		矮脖					
腆肚		冲肩	✔	圆脖	✔	试衣 时 间			
脊柱侧倾		高低肩		扁脖				客户确认	
体型描述：圆体型，骨架窄小，胸小，腰节偏长，开衩不要太高						取衣 时 间			

二、样板设计

1. 面布衣身样板设计（图3-2-2）

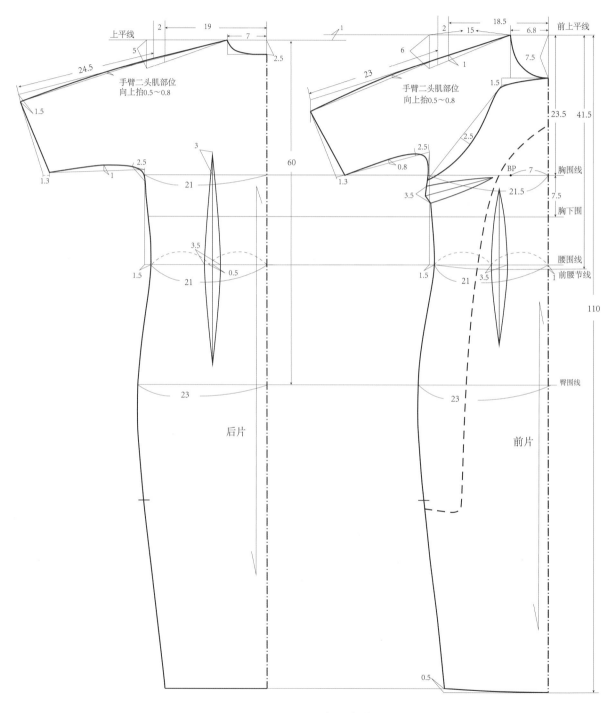

上平线
手臂二头肌部位
向上抬0.5~0.8

手臂二头肌部位
向上抬0.5~0.8

后片

前片

前上平线

胸围线
胸下围
腰围线
前腰节线
臀围线

BP

◎图3-2-2 面布衣身样板设计

2. 面布小襟样板设计及省道处理（图3-2-3）

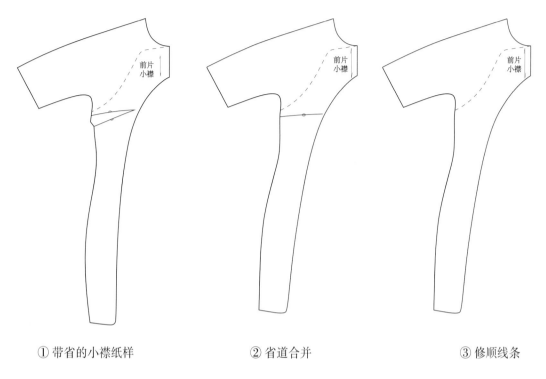

① 带省的小襟纸样　　　② 省道合并　　　③ 修顺线条

◎**图3-2-3**　面布小襟样板设计及省道处理

3. 领子样板设计（图3-2-4）

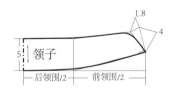

◎**图3-2-4**　领子样板设计

三、面布排料图（图3-2-5）

面布幅宽：1.2m

用料长：2m

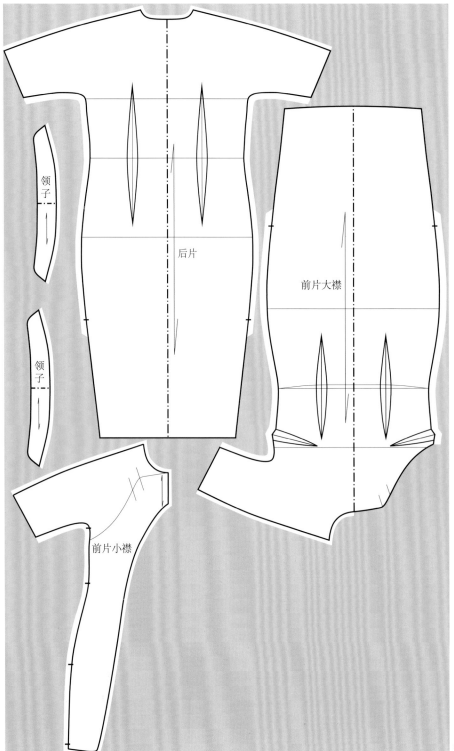

◎**图3-2-5** 面布排料图

4.里布排料图（图3-2-6）

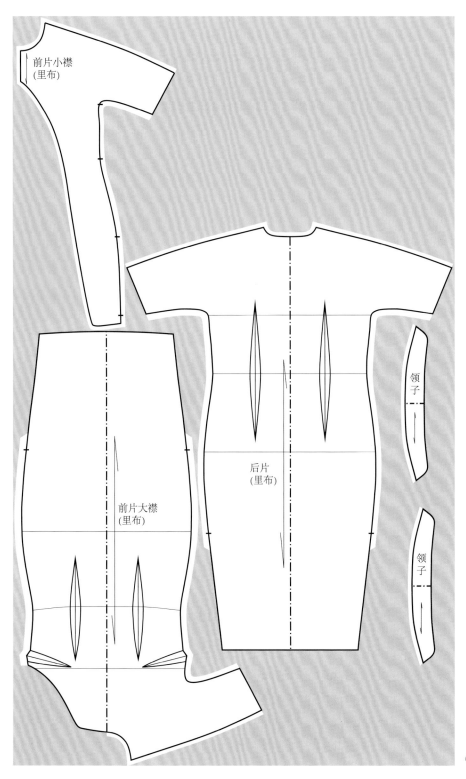

里布幅宽：1.2m

用料长：2m

前片小襟
(里布)

领子

领子

后片
(里布)

前片大襟
(里布)

◎**图3-2-6**　里布排料图

四、缝制工艺步骤（图3-2-7）

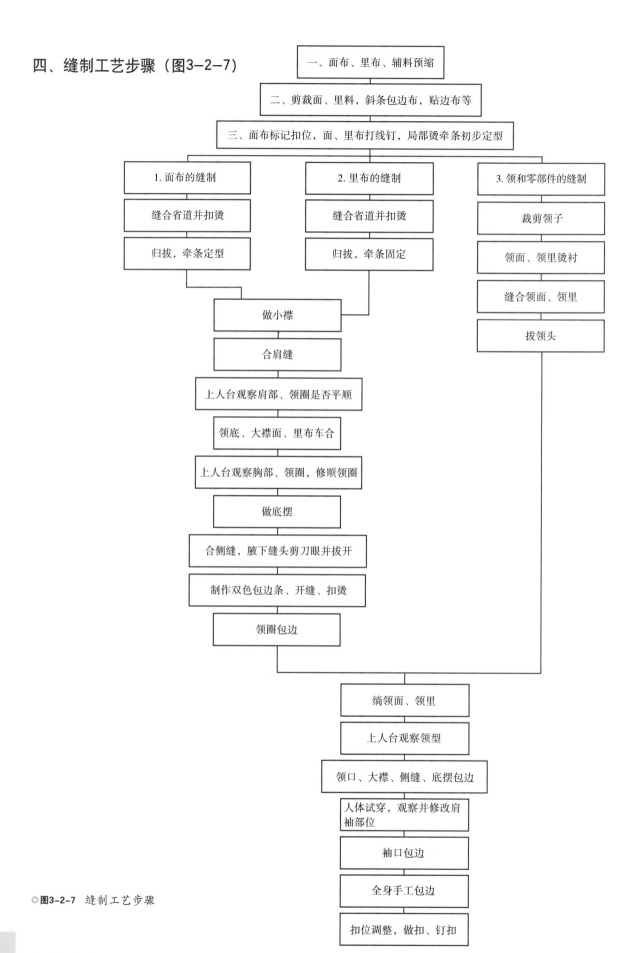

一、面布、里布、辅料预缩

二、剪裁面、里料，斜条包边布，贴边布等

三、面布标记扣位，面、里布打线钉，局部烫牵条初步定型

1.面布的缝制	2.里布的缝制	3.领和零部件的缝制
缝合省道并扣烫	缝合省道并扣烫	裁剪领子
归拔，牵条定型	归拔，牵条固定	领面、领里烫衬
		缝合领面、领里
		拔领头

做小襟

合肩缝

上人台观察肩部、领圈是否平顺

领底、大襟面、里布车合

上人台观察胸部、领圈，修顺领圈

做底摆

合侧缝，腋下缝头剪刀眼并拔开

制作双色包边条、开缝、扣烫

领圈包边

绱领面、领里

上人台观察领型

领口、大襟、侧缝、底摆包边

人体试穿，观察并修改肩袖部位

袖口包边

全身手工包边

扣位调整，做扣、钉扣

◎图3-2-7　缝制工艺步骤

五、缝制工艺流程详解

（一）缝制前准备

1. 预缩面布、里布、滚边布（图3-2-8）

真丝花罗缩水率大，需要下水阴凉干后再用熨斗烫平，其他材料用高温蒸汽喷烫两遍直至遇湿热不缩。

 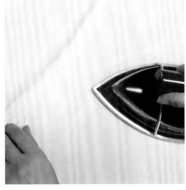 

① 预缩面布　　② 预缩里布　　③ 预缩滚边布

◎ **图3-2-8**　预缩面布、里布、滚边布

2. 排版

（1）铺平面布（图3-2-9）

铺好裁床纸，将面布丝缕与纸张对丝缕方向一致。花罗轻盈易滑，要先用镇纸按住起点，再用鸡毛掸工具在面料上方挥动，拂动布料向四周轻轻铺平，使布料和裁纸之间不留气泡，丝缕顺直之后方可排料裁剪。

（2）面料排料（图3-2-10）

① 本块花罗图案上下对称，为了节约用料可倒顺插排。

② 排料时，确保纸样与面料的丝缕方向一致。

◎ **图3-2-9**　铺平面料

① 排料可倒顺插排

② 面料和纸张丝缕方向一致

◎ 图3-2-10　面料排料

◎图3-2-11　面料裁剪、做对位记号

3. 裁剪面、里料

（1）面料裁剪、做对位记号（图3-2-11）

剪刀沿纸样边缘裁剪面料，并做对位记号。做刀眼对位记号的部位有：腰围线、臀围线、开衩点、袖底对位点、肩部对位点、领子的对位点等。

（2）领子毛裁（图3-2-12）

领面先多留点缝头毛裁，制作时再按领夹层净样精确裁剪。

（3）里布裁剪（图3-2-13）

因为面布花罗薄透有纱孔，为防止黏合衬上的胶在倒渗胶领子表面，不能直接烫黏合衬，同时为了大身和领子看起来同色，领子需要衬两层里布，作为领子的夹层（领面、领里各有一夹层），故裁剪里布时要多裁剪两片领里。

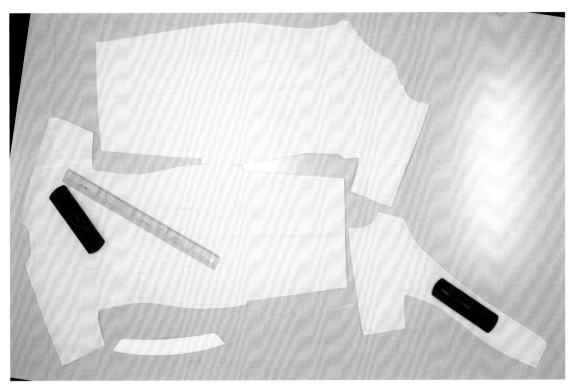

◎ **图3-2-12**　领子毛裁（在领净样的基础上四周放缝2cm左右）

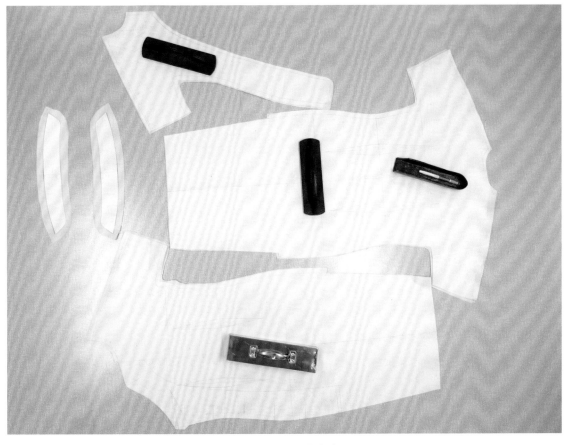

◎ **图3-2-13**　里布裁剪

（4）剪裁滚边和镶边的斜条（图
3-2-14）

剪裁好滚边、镶边所需的斜条，
备用。

4. 做面、里布的各处记号

① 按纸样在面布裁片省道上做打
线钉记号（图3-2-15）。分别在前、
后衣片的省道位置做上线钉记号。

② 大小襟做叠门、扣位的记号线
（图3-2-16）。在大小襟的门襟叠门吻
合线处做长针记号线，并把大襟、小
襟、侧面扣位处做扣位线线段记号。

◎**图3-2-14** 剪裁滚边和镶边的斜条

① 前片省道做记号

② 后片省道做记号

◎ **图3-2-15** 省道做打线钉记号

① 门襟叠门吻合线处做记号

② 侧面扣位线做线段记号

◎ **图3-2-16** 大小襟做长针记号线

③ 做里布记号（图3-2-17）。里布记号有省道、侧缝对位记号等，方法同面布记号。

（二）衣片初步归缩定型，局部用牵条做固定

1. 领口、肩缝烫牵条

花罗面料是纱罗组织，织物有纱孔是其特点，因此裁片的边缘纱线容易散脱，需要在纱线易散脱的边缘烫上黏合牵条作初步定型。注意初步定型时从旗袍开衩点到袖底的两个拼缝不烫牵条，前后袖子拼合的缝头也不烫牵条（这些部位是需要做归拔的位置，暂不用牵条固定死）。裁片边缘烫牵条定位（图3-2-18）。

按纸样在领口、前后肩缝处先烫好牵条，牵条规格为1cm无筋黏合牵条，熨烫时距缝边外侧0.1~0.2cm。注意：肩部只烫牵条到肩点位置（图3-2-19）。

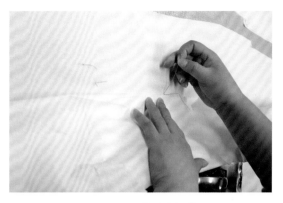

◎ **图3-2-17** 做里布记号

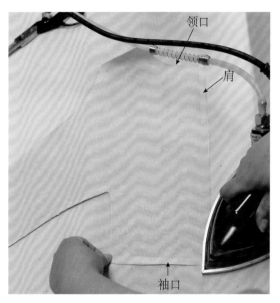

领口

肩

袖口

◎ **图3-2-18** 裁片边缘烫牵条定位

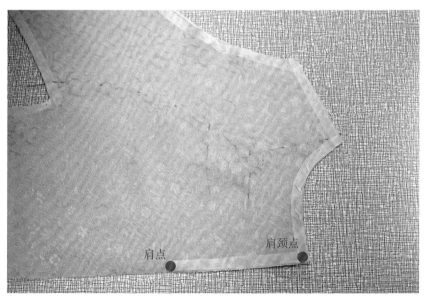

肩点　肩颈点

◎ **图3-2-19** 肩部烫牵条至肩点位置

2. 大襟手针缩缝归烫后烫黏合牵条（图3-2-20）

手缝归烫要点：大襟的弧线容易在制作过程中拉长，一般缩烫后用黏牵条固定。这件花罗面料因组织结构松散的关系，缩烫后最好先用手针做缩针假缝牵住，再烫缩归拢后，最后烫黏合牵条固定。手工约0.5cm的针距从腋下端点起针到大襟弯角最大处止，距边0.8cm左右缝一道线，稍作抽缩（抽缩量约0.5cm），用蒸汽缩烫到自然不起皱，再烫黏合牵条固定。

① 大襟缩缝处先喷烫一下

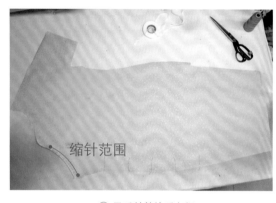

② 用手针缝缩后归烫

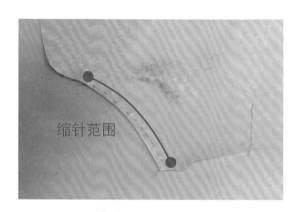

③ 大襟缩缝范围放大图

◎ **图3-2-20** 大襟手针缩缝归烫后烫黏合牵条

3. 胯、臀部位的侧缝缩烫（图3-2-21）

裁片胯、臀部位的侧缝缝头需要预先归缩一下。把臀围、腹围边缘侧缝处要归拢大约1~2cm的量，要轻轻拨推在一起。用大蒸汽隔空喷缩，使其均匀缩平。注意侧缝在缩烫后还是要保持胯、臀部位侧缝曲线的顺畅。注意侧缝先不烫黏合牵条，需要等省道全部车好、腰节缝头拔开后一起烫黏合牵条定型。

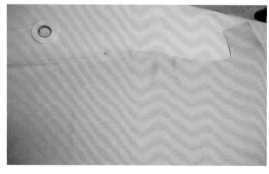

① 归拢臀围、腹围

② 隔空用蒸汽喷缩

◎ **图3-2-21** 胯、臀部位的侧缝缩烫

（三）车缝前后衣片面布的省道，熨烫，再全身归、拔整烫后用黏合牵条定型

1. 车缝前后衣片面布的胸省和腰省（图3-2-22）

由于面布较薄而滑，胸省缉线时两层布料难以控制同速往前，车缝时可以用薄的纸折成直条垫在压脚下对准需要缉线的位置辅助面料一起车缝，确保省道的中心线保持顺直。

① 带纸一起车缝胸省　　　② 车缝腰省

◎ **图3-2-22** 缝前后衣片面布的胸省和腰省

2. 熨烫面布的胸省和腰省（图3-2-23）

把衣片拿到烫台上，先烫平胸省、腰省，再将前片胸部放置在布馒头上熨烫，使胸部自然挺起。

3. 拔烫面布衣片

前后衣片归拔要点：衣片归拔要结合定制对象的体型进行，此款旗袍穿着者人体瘦且腰节细长，腰节弧线部位一定要拔到位才不会使旗袍穿着时产生腰部向臀围方向"八"字形吊紧的问题。

① 先烫平腰省

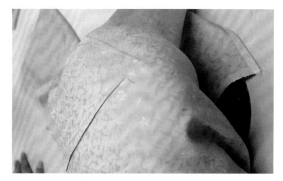

② 把衣片放在布馒头上烫胸省　　　③ 在布馒头上熨烫好的胸部

◎ **图3-2-23** 熨烫面布的胸省和腰省

4. 拔烫要点

① 侧缝腰节拔烫。罗的面料织法虽然松散，但绞纱之间牢度好，比较紧，易归难拔，需要在侧缝腰节处做几个斜刀刀眼，打好刀眼再拔。刀眼深不超过净线0.5cm。

② 连体袖的腋下拔烫。连体袖的腋下处为了穿着时抬手不吊紧，也需要打刀眼拔开。

③ 拔烫腰省（图3-2-24）。熨斗按压省道拔省，熨斗与手反向用力。延长腰省内侧弧度，客户后腰凹、后腰省需要加强拔的力度。

④ 烫平大身上的省道印子（图3-2-25）。省道拔开后，将省道竖起，喷烫一下压在大身上的印子，使正面看不到省道的折痕。

⑤ 侧腰缝拔烫后烫黏合牵条定型（图3-2-26）。将侧腰向外延长拔烫开，再烫上黏合牵条定型。

◎ 图3-2-24　拔烫腰省

◎ 图3-2-25　烫平大身上的省道印子

① 拔烫开侧腰缝

② 烫黏合牵条定型

◎ **图3-2-26**　侧腰缝拔烫后烫黏合牵条定型

⑥ 腹围、臀围处的侧缝烫黏合牵条（图3-2-27）。腹围处的侧缝烫黏合牵条时，还是再次喷缩腹围线外沿缝头，再带紧牵条烫实。

① 腹部位置蒸汽缩拔

◎ **图3-2-27**①　腹围、臀围处的侧缝烫黏合牵条

② 腹围处侧缝用黏合牵条带紧烫实定型

③ 后臀围处侧缝再次喷烫归拔烫黏合牵条定型

◎ **图3-2-27**② 腹围、臀围处的侧缝烫黏合牵条

5. 拔烫衣袖腋下部分（图3-2-28）

将袖子与大身的腋下部分烫平后用力拉开，喷烫拔开（可打剪口）定型。

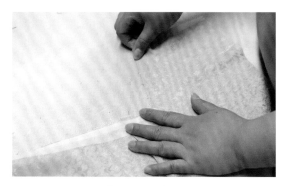

① 烫平腋下部分

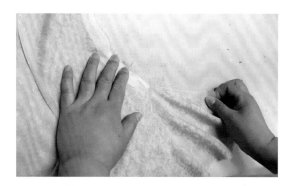

② 腋下部分拔烫（可打剪口）定型

◎ **图3-2-28** 拔烫衣袖腋下部分

6. 面布归拔后的示意图（图3-2-29）

原本平面的衣片通过收省、归和拔的处理后，平铺在桌面时已经具有符合人体凹凸的立体起伏形态了。

（四）整身归拔后烫宽黏合牵条衬再次定位

花罗面料有镂空花纹，如果缝头边缘采用拷边方法，会造成缝头拷边线透过面料镂空处显露线迹，熨烫成衣后会使边缘处过厚而隆起不美观，因而整身烫宽2.5cm的真丝黏合牵条衬把整烫归拔好的裁片再次烫牵条

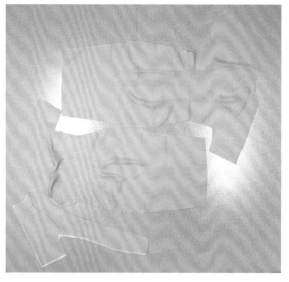

◎ **图3-2-29** 归拔后的面布

定位，以保证衣片在今后的穿着过程中不会发生泻边等问题。若没有这个宽度的黏合牵条衬，也可以用真丝衬按直丝方向裁剪宽约2.5cm的条子备用。

1.面布裁片边缘烫牵条衬（图3-2-30）

用宽度2.5cm左右的真丝牵条衬将归拔好的面布裁片边缘烫住，使归拔后的衣片外轮廓得以保护和定型。在转弯处可以剪口来帮助领、门襟等弧度的圆顺过渡。

① 大襟防泄丝再定型

② 大身全部烫牵条衬

◎ **图3-2-30** 面布裁片边缘烫宽牵条衬

2.里布归拔和烫牵条（图3-2-31）

里布的前后片、小襟也需要归拔和烫牵条。

3.里布归拔完、烫好牵条的效果（图3-2-32）

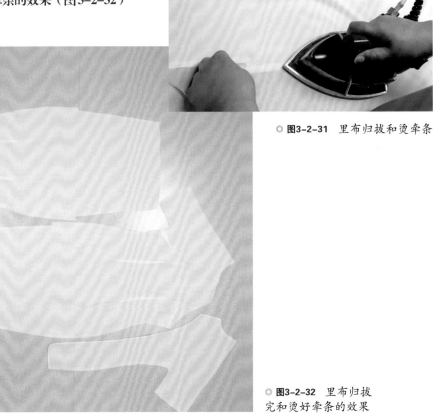

◎ **图3-2-31** 里布归拔和烫牵条

◎ **图3-2-32** 里布归拔完和烫好牵条的效果

（五）小襟缝制与熨烫

1. 小襟面、里缝合（图3-2-33）

　　① 取出小襟面、里裁片。

　　② 将小襟面、里布正面相对，边缘对齐后缝合前中并沿弯线至侧缝处。

2. 修剪面、里小襟缝合后的缝头至0.6cm（图3-2-34）

3. 反止口缉线后再熨烫（图3-2-35）

　　剥开里布、面布，将缝头全部倒向里布，距边缉线0.1cm。然后翻到面布扣烫，扣烫时推着里布内缩，面布盖里布0.1cm，防止里布外露反吐。

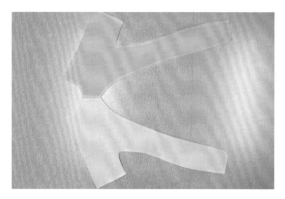

① 小襟面里裁片

② 小襟面、里缝合

◎ **图3-2-33**　小襟缝合

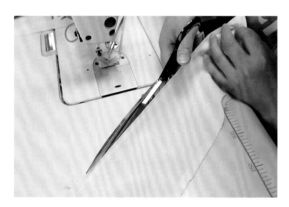

◎ **图3-2-34**　修剪缝头至0.6cm

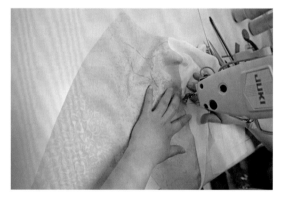

① 在里布上反止口缉线0.1cm

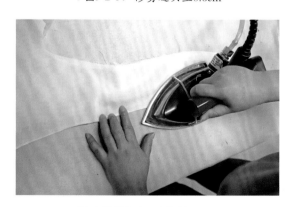

② 小襟里布止口内扣烫0.1cm

③ 扣烫小襟边缘线，面布盖里布0.1cm

◎ **图3-2-35**　反止口缉线后再熨烫

（六）缝合扣烫双色滚边条

大身制作前，先准备0.4+0.4cm双色滚边条。把裁剪好的双色滚边条拼合，居中两边各留0.4cm宽度，两边扣烫整齐。

1.缝合两色滚边条，修剪缝头（图3-2-36）

两个颜色的滚边条子对齐后缉线缝合，再修齐缝头到0.3cm。

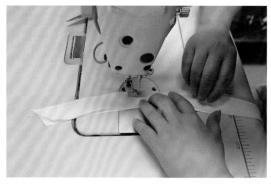

① 缝合两色滚边条　　　　　② 修剪缝头

◎ 图3-2-36　缝合两色滚边条、修剪缝头

2.分缝烫开缝头（图3-2-37）

3.修剪滚边条的宽度至1cm（图3-2-38）

4.以拼缝线居中计算，滚边布每色各扣烫至0.4cm（图3-2-39）

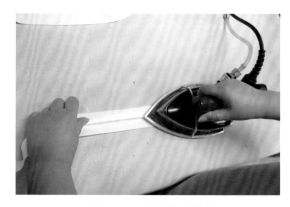

◎ 图3-2-37　分缝烫开缝头

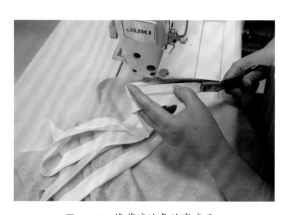

◎ 图3-2-38　修剪滚边条的宽度至1cm

◎ 图3-2-39　滚边布每色各扣烫至0.4cm

（七）面、里布底摆缝制，前片大襟侧缝、开衩、底摆滚边

1. 面、里布底摆缝制（图3-2-40）

里布底摆卷边，面布底摆贴边。

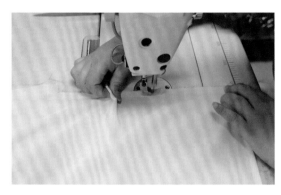
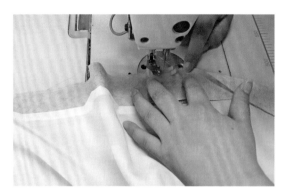

① 里布底摆卷边　　　　　　　② 缝合面布底摆贴边

◎ **图3-2-40** 面、里布底摆缝制

2. 前片大襟侧缝、开衩、底摆滚边

① 滚边的顺序（图3-2-41）。从前片大襟腋下端口处开始→整条侧缝→下摆→另一侧开衩处为止。滚边开始和结束的地方都留出长5cm的一段滚边条备用。

① 从大襟腋下端口开口处开始滚边　　　② 滚边止另一侧开衩处

◎ **图3-2-41** 滚边的顺序

② 滚边边缘整烫一圈（图3-2-42）。把滚边条剥开拼合处沿边缘整烫一圈，整烫时观察滚边布两个色的宽度一定要均匀。

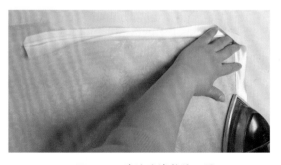

◎ **图3-2-42** 滚边边缘整烫一圈

③ 开衩口的滚边条折成45°压烫实（图3-2-43）。

④ 下摆拐角处滚边烫出45°角的对角线（图3-2-44）。

◎ 图3-2-43 开衩口的滚边条折成45°压烫实

◎ 图3-2-44 下摆拐角处滚边烫出45°角的对角线

（八）缝合面、里布的肩缝

1. 分别缝合面布和里布的肩缝（图3-2-45）

拼合肩部缝头时注意前肩缝带紧的同时后肩缝要送量。

① 缝合面布肩缝到袖口，按1cm缝份缝合。

② 缝合里布肩缝到袖口，按0.8cm缝份缝合。

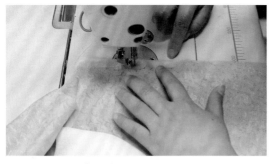
① 缝合面布肩缝到袖口

② 缝合里布肩缝到袖口

◎ 图3-2-45 分别缝合面、里布的肩缝

2. 分缝烫面、里布肩缝（图3-2-46）

① 分缝烫开面布肩缝

② 分缝烫开里布肩缝

◎ 图3-2-46 分烫面、里布肩缝

3.把拼好肩缝的衣片套在人台上检查（图3-2-47）

　　准备最接近客户体型的人台，把拼好肩缝、侧缝的半成品衣服套上人台，观察领圈、连肩袖子部分前后两侧有没有扯紧的现象，观察胸部省道、前后片大身归拔的状态是否平顺且吻合人体，并修顺领圈弧线。

① 把衣服套上人台　② 对齐门襟弧线，把胸凸再喷烫一下防止过尖起包　③ 连肩袖肩点下上臂围的地方拉着面料喷烫　④ 修顺领圈弧线

◎ **图3-2-47**　套在人台上检查

（九）缝制领子

　　由于花罗面料轻透，自身的布料烫上衬容易露出黏衬底，熨烫时会过胶且不美观。因此领子需要有层与大身相同的里衬，这样处理不但颜色协调，而且解决了硬衬没有地方烫的问题。此方法也适合用于透明或蕾丝材质的面料。

　　制作时先做领子夹层，再按夹层裁剪领面。

1.领子夹层（由里布裁剪而成）的处理

　　① 领子夹层烫领衬（图3-2-48）。先在领面、领里的夹层（由里布裁剪而成）烫上真丝黏合衬。然后按领子的净样裁剪一片领衬（硬衬），把领衬（硬衬）烫在领子夹层上，要求领衬（硬衬）离领子夹层的领底线1cm。

　　② 修剪领子夹层（图3-2-49）。在领子夹层上，按领衬（硬衬）边缘修剪除领底线以外的多余缝头，在领子对位点打上刀眼。用熨斗

◎ **图3-2-48**　领面夹层烫领衬

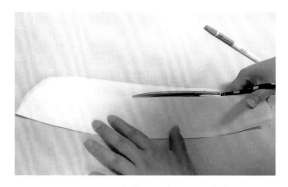

◎ **图3-2-49**　修剪领子夹层，压烫实

拔烫领子夹层近领头7~9cm的位置，使领子两头弯翘，烫后放置在桌面上观看领尖两侧领头要弯翘、对称一致。

③ 领子夹层的领底线缝头沿净样扣烫（图3-2-50）。

④ 领子夹层精确裁剪（图3-2-51）。领子的夹层不烫硬衬（只烫真丝薄黏合衬），按领子夹层精确裁剪，领底留1cm（领底缝头不扣烫）。

◎ 图3-2-50 扣烫领夹层领底线

◎ 图3-2-51 领子夹层精确裁剪

2. 精确裁剪领面，剪口做对位记号（图3-2-52）

① 领面布按照领子夹层净样裁剪。

② 按纸样在对位点（后领中点、左右侧颈点）打上刀眼做对位记号。

① 精确剪裁领面上口一周

② 装领点剪口刀眼记号

◎ **图3-2-52 精确裁剪领面、做对位记号**

3. 缝合领面与领子夹层，形成新的领面（图3-2-53）

① 沿领面和领子夹层的领角和领上口缉线0.1cm。

② 把领面与领子夹层的领底线缝头缝合，形成成衣需要的领面。

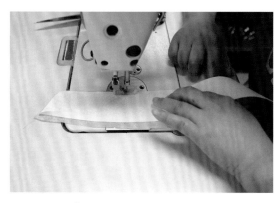

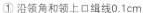

| ① 沿领角和领上口缉线0.1cm | ② 缝合领面与领子夹层的领底线 |

◎ **图3-2-53**　缝合领面与领子夹层

4. 修剪新领面的线毛，拔烫两侧领头（图3-2-54）

① 修剪新领面的线毛。

② 拔烫新领面两侧领头。

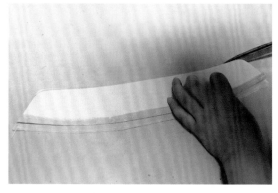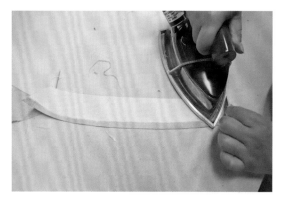

| ① 修剪新领面的线毛 | ② 拔烫新领面两侧领头 |

◎ **图3-2-54**　修剪新领面的线毛，拔烫两侧领头

5. 缝合领里与领子夹层，形成新领里

新领里的缝制方法与新领面的缝制方法相同。

6. 查看新领面与新领里的吻合度（图3-2-55）

把新领面与新领里套在一起成圈状，观察新领面与新领里的吻合程度，新领里长度比领面长度要略修剪的小一点，防止领外弧领里弧的不同产生余量而起皱。

◎ **图3-2-55**　查看新领面与新领里的吻合度

7. 领面的领底线滚边

① 在领面的领底线上车缝双色滚边（图 3-2-56）

在领底线上车缝双色滚边，滚边条起头处超出1~2cm，缝头对齐，距边1cm缉线，注意滚边条顺着领弧度缉线要送一点量，保证不会扯紧领底缝。

② 查看滚边是否匀称而平整（图3-2-57）。将滚条翻到正面，用手指抿平，观察是否匀称而平整。

③ 熨烫压平压实滚边条（图3-2-58）。

④ 扣烫滚边条（图3-2-59）。领子扣烫好0.8cm宽的双色滚条折印，沿着领头两端净线修剪掉多余的滚边条，准备与大身缝合。

（十）绱领子

1. 绱领子要点

① 此款旗袍领子比较高，领上口和领底都有滚边。制作时要先缝合大身领圈，再绱领。

② 领里、领面上口0.2~0.3cm车缝一道线固定后，再滚边。

2. 绱领具体步骤

① 缝合大身面、里布领圈（图3-2-60）。

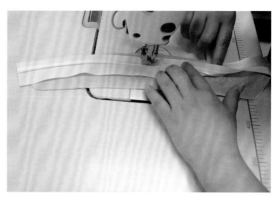

◎ **图3-2-56** 在领底线上车缝双色滚边

◎ **图3-2-57** 查看滚边是否匀称而平整

◎ **图3-2-58** 熨烫压平压实滚边条

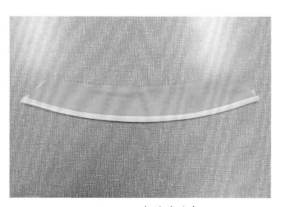

◎ **图3-2-59** 扣烫滚边条

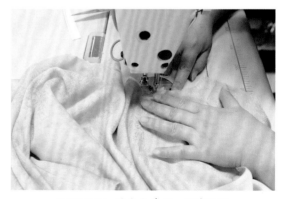

◎ **图3-2-60** 缝合大身面、里布领圈

② 绡领面（图3-2-61）。把滚好领底边的领面与大身领圈对位固定，领子缝头在上、衣身在下，布料的面与面相对缝合。绡领面时，领子有衬比大身厚，车缝时走线会慢，因此领子的缝头要用手推着送得快一点，衣身领圈的部位稍稍带住让它走得慢一点，这样绡的领子就不会扯紧大身的领圈部位。

① 领面对准大身前中点开始绡领

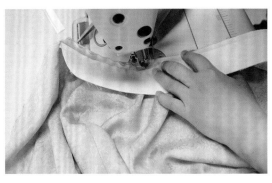

② 领面的缝头要向前推送

◎ **图3-2-61** 绡领面

3. 修剪领面缝合线的缝头（图3-2-62）

在领面和领圈的缝头外，还有一层滚边布的缝头，而成衣完成会比较轻薄，因此需要把中间滚边布的缝头修至0.4cm。

4. 观察绡领面后领口是否圆顺（图3-2-63）

衣片套上人台，大小襟按照线迹和对位点用珠针别住，观察绡领后的领圈、肩缝会不会带紧，前胸有没有起空等问题。

5. 绡领里（图3-2-64）

缝合时领里在下，领面与衣身的缝头在上。

与绡领面一样，上面的缝头厚，下面的缝头薄，需要把上面的缝头推着走线，把位于下面的领里缝头往自己身体的一边带着车线。

◎ **图3-2-62** 修剪领底缝合线的缝头

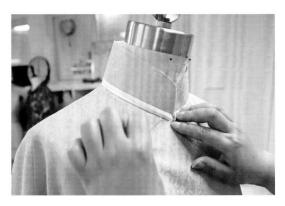

◎ **图3-2-63** 观察领口是否圆顺

◎ **图3-2-64** 绡领里

6. 修剪领子缝头（图3-2-65）

把缝好的领子缝头修成高低缝。领面的缝头修剪顺至0.6cm，领里的缝头修剪至0.4cm。

7. 检查绱领效果（图3-2-66）

比对领面和领里的拼缝线是否匀称，观察领底合缝处是否圆顺、两层领口有无错位。

8. 缝合领面和领里的上口（图3-2-67）

把领面和领里上口缝合，沿边缉线0.3cm。注意细节点：领里的上口两端故意向外拉出0.2cm缉线，使里领比外层更紧，在缉线完成后自然向内弯拢。

◎ 图3-2-65 领缝头修高低缝

◎ 图3-2-66 检查绱领效果

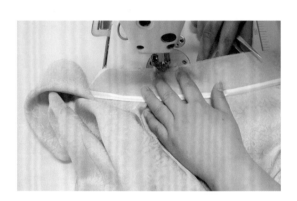

◎ 图3-2-67 缝合领面和领里的上口

（十一）大襟侧缝、领子上口、底摆及开衩等部位滚边

1. 大襟侧缝、领子上口滚边（图3-2-68）

从大襟弧线端口开始滚边至领上口一周再到领下大襟直边。

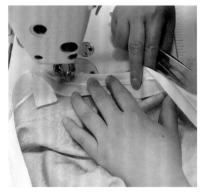

① 大襟侧缝滚边

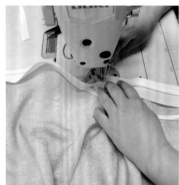

② 滚边到大襟领角处转折

③ 再沿着领上口滚完全部领子

◎ 图3-2-68 大襟侧缝、领子上口滚边

2. 底摆及开衩滚边、做开衩（图3-2-69）

后片滚边从一侧开衩处起经底摆到另一侧开衩处为止。底摆从开衩处起滚一周，并把滚边结束的部位折斜角再缉线0.1cm固定。

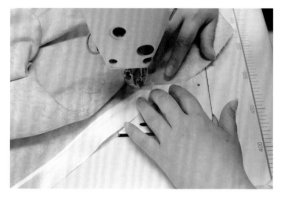

① 衩口滚边条折斜角

② 折边处缉线0.1cm

◎ **图3-2-69　做开衩**

（十二）缝合侧缝

缝制要点：这款旗袍是全开襟连肩袖做法，连肩袖的袖底缝连着大身侧缝的转角处几乎为直角，缝制时如果处理不好，在抬手的时候腋下会有拉扯感，容易造成抬手时因角度不够而撕裂衣服的问题。

开襟的衣服，先缝合不开襟一侧的侧缝至开衩点。再将另一侧小襟与后片大身缝头缝合至开衩处。缝合后的腋下在转角处距离缉线0.3~0.4cm的位置打刀眼3~5个，用力再拔开、分缝烫开侧缝。刀眼要准确，不能过深，否则穿着时容易撕口；也不能太浅，以免抬手时仍旧吊紧，穿着舒适感不佳。

1. 面布侧缝缝合（图3-2-70）

① 从开衩位置处起针缝合侧缝。

② 腰节和腋下部位打刀眼（图3-2-71）。缝合侧缝，边缉线边打刀眼。腰节最细处位置打刀眼，腋下手活动时易吊紧处也打刀眼。

◎ **图3-2-70　面布侧缝缝合**

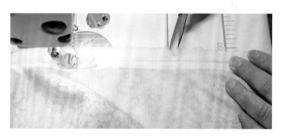

① 腰部打刀眼

② 腋下打刀眼

◎ **图3-2-71　腰节和腋下部位打刀眼**

2. 核对衣身各部分尺寸（图3-2-72）

在面布侧缝合缝之前，把衣片放平，测量一下胸、腰、臀围的尺寸是不是与成衣所需的尺寸吻合。如面料因组织疏松在缝制过程中造成尺寸偏大，则侧缝要多拼掉大出来的部分；如尺寸略偏小，则侧缝需要少拼小掉的那部分量；如要差量很大，则需要通过改变省道量来调节。

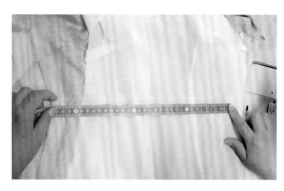

◎ 图3-2-72　核对衣身各部分尺寸

3. 里布侧缝缝合（图3-2-73）

① 里布从开衩口点往袖口处缝合侧缝。

② 缝至腋下处打刀眼。

① 从开衩口点往袖口处缝合侧缝

② 缝至腋下处打刀眼

◎ 图3-2-73　里布侧缝缝合

4. 烫侧缝（图3-2-74）

把面布、里布的侧缝分缝烫开，腋下刀眼处边用手拨开边用熨斗的前端尖头分缝烫开。

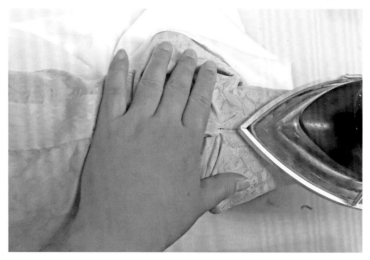

◎ 图3-2-74　烫侧缝

（十三）衣服套人台整理

1. 检查领子、大小襟（图3-2-75）

把衣服穿在人台上，将大小襟对位后固定住，观察滚边后领子是否包圆脖颈，领底与大身的部位是否圆顺，领头是否对称，大小襟是否吻合。

2. 人台上熨烫省尖（图3-2-76）

在人台上熨烫衣身省尖不平服的窝点或者凸点，使省道线与人体的起伏更贴合。喷烫动作要轻柔，不可摩擦面料，也不能用手扯拉，发现不平服无法熨平的地方时，则需要检查是否拼合有问题。

（十四）连肩袖肩袖部分的矫正

斜裁连肩袖的肩袖部分最容易出问题的地方是肩外骨点下肌肉群隆起的地方，这个地方在手臂放下和抬升时，容易起绉。需找肩型接近的人台检查穿着效果，看肩膀处有没有因为转弯的量而造成肩点下有挂绉或者绷紧。

① 人体试穿时发现肩膀臂围处绷紧挂绉明显（图3-2-77）。人体试穿，发现肩膀臂围处绷紧挂绉明显，在挂绉处用针线做记号标出需要放松及修改的位置。

② 拆开肩袖的缝线进行修正，查看在人体舒适的情况下需要补足的量是多少（图3-2-78）。

◎ 图3-2-75 检查领子、大小襟　　◎ 图3-2-76 人台上熨烫省尖

◎ 图3-2-77 肩膀臂围处绷紧挂绉明显　　◎ 图3-2-78 拆开肩袖缝线进行修正

③ 拆开肩袖缝后把前肩缝再次用熨斗拔开（图3-2-79）。

④ 重新拼合肩袖缝线（图3-2-80）。

◎ **图3-2-79** 拆开肩袖缝把前肩缝再次拔开

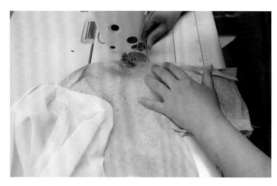

① 重新缝合肩袖缝

② 重新分缝烫开肩袖缝

◎ **图3-2-80** 重新拼合肩袖缝线

⑤ 把全部滚边完成的衣服套到人台，再次观察上半身，要求各部位要伏贴，袖里、袖面没有吊紧的情况，侧缝长度一致（图3-2-81）。

⑥ 袖口面、里布缝合并滚边（图3-2-82）。

a. 缝合袖口的面布和里布，沿袖口边缘0.2cm缉线一周。

b. 袖口滚边。

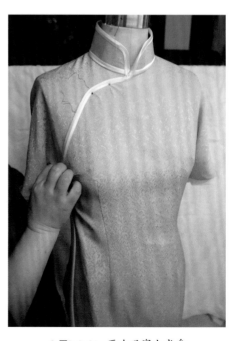

◎ **图3-2-81** 再次观察上半身

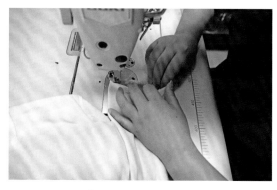
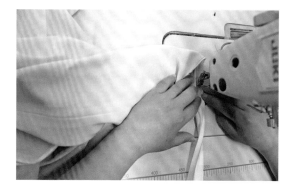

① 缝合袖口的面、里布   ② 袖口滚边

◎ **图3-2-82** 缝合袖口面、里布后再滚边

（十五）底摆转角滚边的处理方法

底摆转角滚边的处理：

接口处先烫平，用镊子折45°角，用熨斗烫压固定，再向内折边，留出滚边需要的0.8cm宽度。具体步骤如图3-2-83所示。

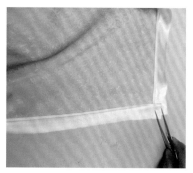
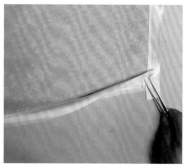

① 镊子夹住滚边布下角   ② 向内折45°角   ③ 成对角线形状压在上一道滚边处

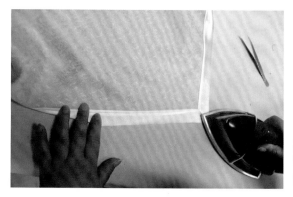
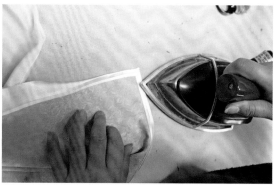

④ 压烫折角   ⑤ 把滚边布向内扣烫，露出0.8cm宽的双色滚边

◎ **图3-2-83** 下摆转角滚边的处理

（十六）全身滚边部位手工缲边

在全身滚边部位的手工缲边前，需对各部位的滚边进行全面的整烫，熨烫滚边时要注意滚边全身部位宽度一致，烫平压实。

缲边顺序：手工缲边先从领子开始（图3-2-84），直至大襟、开衩、底摆各部位。

① 烫领口滚边　　　　　　　　　　　② 领口滚边手工缲边

◎ **图3-2-84**　手工缲边先从领子开始

（十七）确定扣位线，设计扣子的造型，钉扣子（手工过程略）

第三节 无袖开襟旗袍的缝制方法

一、概述

1. 款式描述

该款旗袍为无袖，全开襟，长度在膝盖附近。领上口、领底缝、袖窿、大襟、侧开襟和开衩全部采用0.3cm镶边夹蕾丝边工艺。款式见图3-3-1。

① 成衣3/4前侧面

② 成衣背面

③ 客户着装效果

◎ **图3-3-1** 黑底提花0.3cm镶边夹蕾丝无袖开襟旗袍

2. 面料、里料及辅料选用

① 面料：提花棉锦。140cm 幅宽用料约 1.25m。

② 里料：花纹亮色电力纺。140cm 幅宽用料约 1.2m。

③ 辅料：真丝薄黏合衬 1.3m、蕾丝花边、棉绳、领衬、牵条等。

提花面料裁剪时的注意点：

织锦、苏锦、宋锦、棉锦等提花面料纹样漂亮，有自然的挺括感，其裁剪与缝制方法相近，因而此节所讲案例的制作方法均可作参考。此类面料带有各种纹样、图案，或格子、条纹等，是否对称构图还是不对称排版都能产生特殊设计感。此外花鸟虫草放置的位置很重要，胸点、私处等要注意避开一些明显的装饰纹样或者点状、圆圈状图案，也可通过腰部安排颜色较深色的区块增强腰部的紧缩苗条感等。

旗袍以展示女性的柔美为主，因此此类面料需要注意的是树枝树干要避开从身体正中间向外生长，动物要尽量避免断肢断头；花纹复杂的面料，在压边上可采取重色或者以跳色提亮的方法相配，以此获得稳重或者活泼的感觉。若采用不同配色的滚边、扣子等手法，则会呈现出完全不同的风貌。

3. 客户体型特征及样板处理要点

① 客户体型特点：客户是圆体型，略溜肩，脖子修长，身材比例匀称，站姿挺拔，臀腰差较大，平时喜欢穿合体的衣服。

② 样板处理要点：前肩平线比后肩平线抬高 1cm，补正挺胸造成的前上半身拉长，后腰节长缩短 0.5cm，减少后背挺拔造成的纵向压缩。前片胸围比后片胸围大 2cm，也是在围度上加大前片挺胸造成的扩张。此款是无袖，面料又较厚实，各维度放松量 3cm 比较合适。无袖旗袍的袖窿弧线与装袖的服装线条画法略有不同，肩点向内缩进，前袖窿弧线要比装袖的服装更顺直，达到合体地包裹腋部皮肤的需要。

4. 款式设计图及定制尺寸（表 3-3-1）

该客户身材比例匀称，喜欢合身显示身材的服饰，短款无袖的设计恰好满足她的着装要求。

表3-3-1 客户款式设计图及定制尺寸表

<table>
<tr><td colspan="17" align="center">客户定制尺寸单</td></tr>
<tr><td colspan="17" align="right">单位：cm</td></tr>
<tr><td colspan="2">姓名</td><td colspan="2">X姓客户</td><td colspan="2">身高</td><td></td><td>体重</td><td></td><td colspan="2">联系方式</td><td colspan="6"></td></tr>
<tr><td>序号</td><td>部位</td><td>测量</td><td>成衣</td><td>序号</td><td>部位</td><td>测量</td><td>成衣</td><td colspan="9" align="center">设计款式图</td></tr>
<tr><td>1</td><td>胸围</td><td>86</td><td>89</td><td>18</td><td>胸距</td><td>14.5</td><td></td><td colspan="9" rowspan="16"></td></tr>
<tr><td>2</td><td>胸上围</td><td>82.5</td><td></td><td>19</td><td>肩颈点到胸下</td><td>33.5</td><td></td></tr>
<tr><td>3</td><td>胸下围</td><td>72</td><td></td><td>20</td><td>肩颈点到腹凸</td><td>51</td><td></td></tr>
<tr><td>4</td><td>腰围</td><td>70</td><td>73</td><td>21</td><td>左/右夹圈</td><td>41.5</td><td></td></tr>
<tr><td>5</td><td>胯上围/裙裤腰围</td><td>78</td><td></td><td>22</td><td>左/右臂围</td><td>28/中23.5</td><td></td></tr>
<tr><td>6</td><td>腹围</td><td>80</td><td></td><td>23</td><td>袖长</td><td>26</td><td></td></tr>
<tr><td>7</td><td>胯围</td><td>85</td><td></td><td>24</td><td>袖口</td><td></td><td></td></tr>
<tr><td>8</td><td>臀围</td><td>93</td><td>96</td><td>25</td><td>前衣长</td><td></td><td></td></tr>
<tr><td>9</td><td>下臀围</td><td></td><td></td><td>26</td><td>裙长</td><td>120</td><td></td></tr>
<tr><td>10</td><td>前肩宽</td><td>35</td><td></td><td>27</td><td>裤长</td><td></td><td></td></tr>
<tr><td>11</td><td>后肩宽</td><td>38</td><td></td><td>28</td><td>全档长</td><td></td><td></td></tr>
<tr><td>12</td><td>后背宽</td><td>34</td><td></td><td>29</td><td>肩颈点到膝</td><td></td><td></td></tr>
<tr><td>13</td><td>后背长</td><td>36.5</td><td></td><td>30</td><td>腰到小腿</td><td></td><td></td></tr>
<tr><td>14</td><td>肩颈点到臀凸</td><td>62</td><td></td><td>31</td><td>前直开</td><td></td><td></td></tr>
<tr><td>15</td><td>上/下颈围</td><td colspan="2">上31.5/下37</td><td>32</td><td>大/小腿围</td><td></td><td></td></tr>
<tr><td>16</td><td>前胸宽</td><td>31</td><td></td><td>33</td><td>前腰节长</td><td></td><td></td><td colspan="9">面料小样：</td></tr>
<tr><td>17</td><td>胸高</td><td>25</td><td></td><td>34</td><td>后腰节长</td><td></td><td></td><td colspan="9"></td></tr>
<tr><td colspan="6" align="center">体型特征</td><td colspan="2" rowspan="2">总金额</td><td></td><td colspan="8" rowspan="2">付款方式</td></tr>
<tr><td colspan="2">站姿</td><td colspan="2">肩型</td><td colspan="2">脖型</td><td></td></tr>
<tr><td colspan="2">含胸</td><td>溜肩</td><td>√</td><td>高脖</td><td>√</td><td colspan="2" rowspan="2">设计时间</td><td></td><td colspan="8" rowspan="2">设计师</td></tr>
<tr><td colspan="2">挺胸</td><td>平肩</td><td></td><td>矮脖</td><td></td><td></td></tr>
<tr><td colspan="2">腆肚</td><td>冲肩</td><td></td><td>圆脖</td><td></td><td colspan="2" rowspan="2">试衣时间</td><td></td><td colspan="8" rowspan="2">客户确认</td></tr>
<tr><td colspan="2">脊柱侧倾</td><td>高低肩</td><td></td><td>扁脖</td><td></td><td></td></tr>
<tr><td colspan="6">体型描述：</td><td colspan="2">取衣时间</td><td></td><td colspan="8"></td></tr>
</table>

二、样板设计

1. 衣身样板设计（图3-3-2）

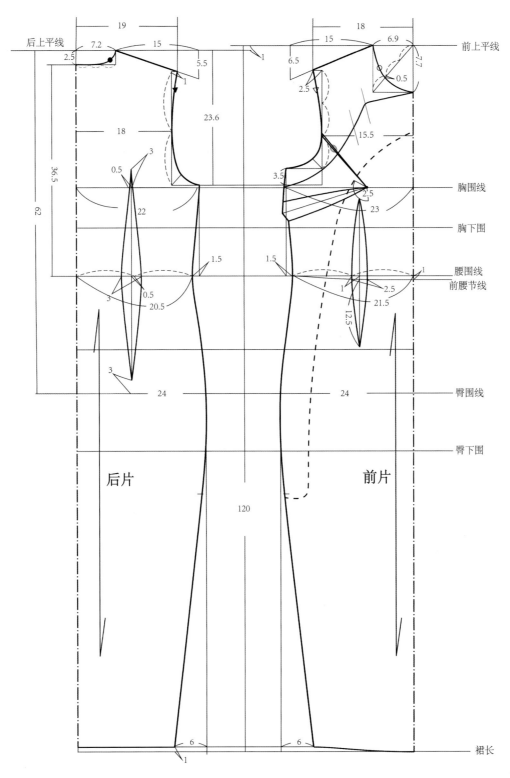

◎ 图3-3-2　衣身样板结构设计

2.前片小襟省道处理（图3-3-3）

3.领子样板设计（图3-3-4）

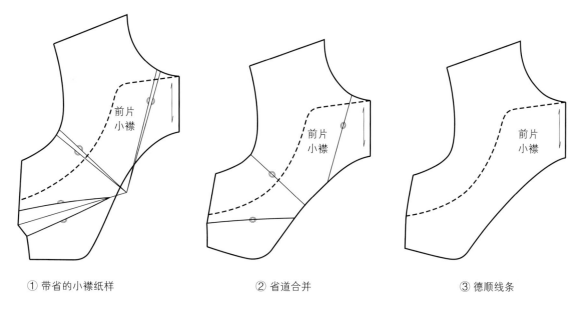

① 带省的小襟纸样　　　　② 省道合并　　　　③ 德顺线条

◎**图3-3-3**　前片小襟省道处理

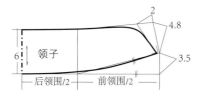

◎**图3-3-4**　领子样板结构设计

三、排料图

1. 面布排料图（图3-3-5）

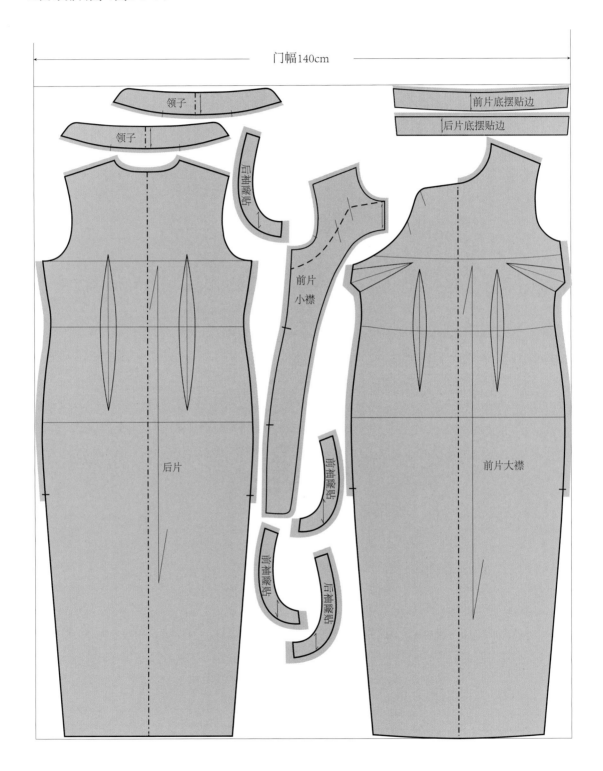

◎图3-3-5　面布排料图

2.里布排料图（图3-3-6）

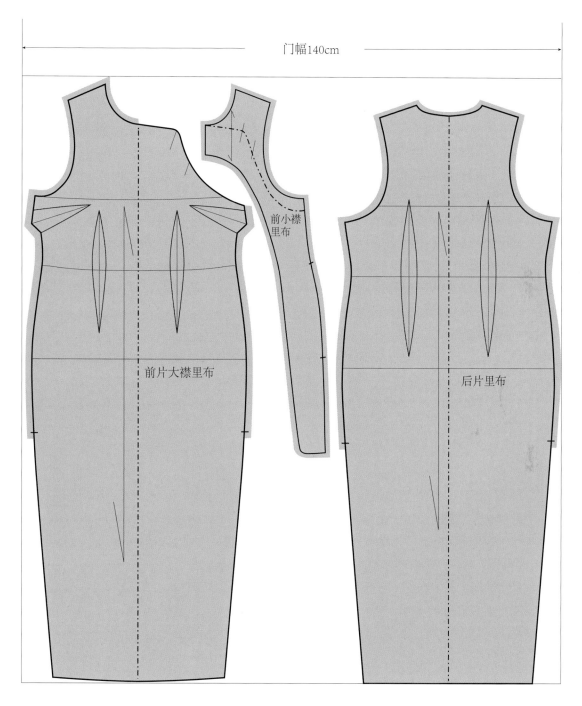

门幅140cm

前小襟
里布

前片大襟里布

后片里布

◎**图3-3-6** 里布排料图

四、缝制工艺步骤

缝制工艺步骤见图3-3-7。

客户体态比较匀称，胸腰臀尺寸差量大，制作上需注意归拔动作和无袖袖窿的制作方法。

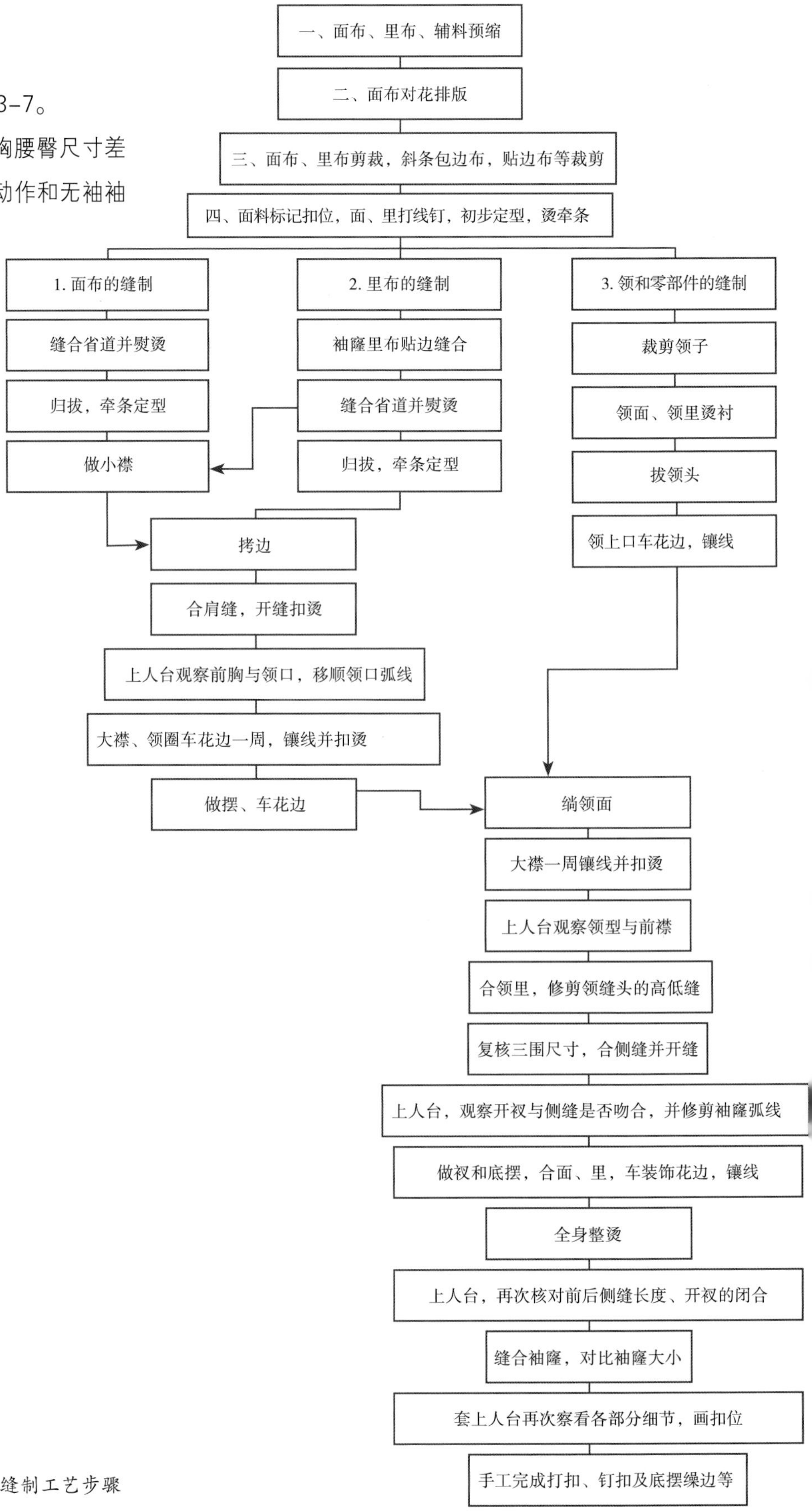

一、面布、里布、辅料预缩

二、面布对花排版

三、面布、里布剪裁，斜条包边布，贴边布等裁剪

四、面料标记扣位，面、里打线钉，初步定型，烫牵条

1. 面布的缝制	2. 里布的缝制	3. 领和零部件的缝制
缝合省道并熨烫	袖窿里布贴边缝合	裁剪领子
归拔，牵条定型	缝合省道并熨烫	领面、领里烫衬
做小襟	归拔，牵条定型	拔领头
		领上口车花边，镶线

拷边

合肩缝，开缝扣烫

上人台观察前胸与领口，移顺领口弧线

大襟、领圈车花边一周，镶线并扣烫

做摆、车花边

缭领面

大襟一周镶线并扣烫

上人台观察领型与前襟

合领里，修剪领缝头的高低缝

复核三围尺寸，合侧缝并开缝

上人台，观察开衩与侧缝是否吻合，并修剪袖窿弧线

做衩和底摆，合面、里，车装饰花边，镶线

全身整烫

上人台，再次核对前后侧缝长度、开衩的闭合

缝合袖窿，对比袖窿大小

套上人台再次察看各部分细节，画扣位

手工完成打扣、钉扣及底摆缲边等

◎ **图3-3-7** 缝制工艺步骤

五、缝制工艺流程详解

（一）缝制前准备

1. 预缩面辅料、镶滚边料和棉绳

棉锦提花料裁开后，容易泄丝，所以一般情况下会覆合（熨烫）一层薄真丝黏合衬做定型；也可以把缝边放到2cm，拷边防止泄开。本款旗袍采取的是面布覆合（熨烫）真丝薄黏合衬，裁剪后再拷边。

① 预缩面料、覆合（熨烫）黏合衬（图3-3-8）。面料预缩后在反面熨烫真丝黏合衬。

② 里布熨烫预缩（图3-3-9）。

③ 滚边布预缩、烫黏合衬（图3-3-10）。把准备滚边的缎面布料也烫缩后，再烫上所需裁剪面积大小的真丝黏合衬。

④ 蕾丝花边预缩（图3-3-11）。蕾丝花边若是涤纶的，加热预缩则可。如果是棉质蕾丝，则需要用开水煮过晾干蒸汽烫平整，才能保证衣服在洗涤时不起皱。

⑤ 棉绳预缩。注意使用的棉绳直径0.3cm，制作前需要在锅里用开水煮沸至少10min后晾干备用。

◎ **图3-3-8**　预缩面料、覆合(熨烫)黏合衬

◎ **图3-3-9**　里布熨烫预缩

◎ **图3-3-10**　滚边布预缩、烫黏合衬

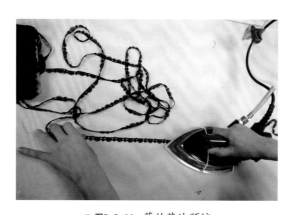

◎ **图3-3-11**　蕾丝花边预缩

2. 面料对花排料

苏锦、棉锦等提花织物，幅宽比较宽，常见为140cm左右，排料空间足够。

（1）对花选花（图3-3-12）

先取想要设计的花位定好前片，大花和小花略有侧重，在同纬度上花的高度一致。放置后片，在后片和前片之间挑选一个与前片对应的花位，确保花能够在裁剪后完全吻合。

（2）描花型（图3-3-13）

将小襟纸样与大身大襟纸样对准，描出花型，使小襟纸样的纹样与大身花纹完全吻合。

（3）小襟对花（图3-3-14）

按小襟纸样描出的花型找出面料对应的花位（要求精准），放置小襟纸样。

（4）排料时先大片后小片（图3-3-15）

排料时先排大片（前后大身、小襟），后排小片（领子、袖窿贴边和底摆贴边），要求纸样的丝缕与面料丝缕完全对准。

◎ 图3-3-12 对花选花

◎ 图3-3-13 描花型

◎ 图3-3-14 小襟对花

◎ **图3-3-15**　排料时先大片后小片

3. 剪裁

（1）面料大襟前衣片、小襟裁剪

① 大襟前衣片面布裁剪（图3-3-16）。

② 确认大襟前衣片与小襟的花型对位（图3-3-17）。

③ 小襟裁剪前与大襟裁片对位。

拿裁剪好的大襟前片再次与小襟的裁片进行花型对位，确保完全吻合。

④ 小襟裁剪后再次核对

待小襟裁下来，把大小片丝缕对正、前中吻合，再次核对前小片与大襟花纹一致。

◎ **图3-3-16**　大襟前片面布裁剪

① 小襟裁剪前与大襟裁片对位

② 小襟裁剪后再次核对

◎ **图3-3-17** 大襟前片与小襟的花型对位

⑤大小襟裁片对位拼花

展示（图3-3-18）

◎ **图3-3-18** 大小襟
裁片对位拼花展示

（2）面料后衣片、袖窿贴边裁剪

先裁剪后衣片（图3-3-20），再裁剪袖窿贴边（图3-3-19）

① 裁剪袖窿贴边

② 裁剪好的袖窿贴边

◎ **图3-3-19** 裁剪袖窿贴边

（3）面布裁片全部完成（图3-3-20）

◎ **图3-3-20**　面布裁片全部完成

（4）里布裁剪（图3-3-21）

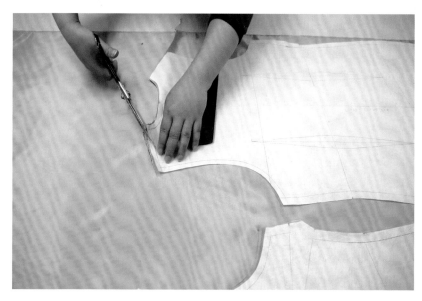

◎ **图3-3-21**　里布裁剪

4. 面料裁片做记号，烫牵条初步定型

基本要领：

前肩拔开烫牵条，领圈按正常烫牵条，大襟在靠侧缝的下弧线处缩烫再牵条带紧烫住，袖窿圈只烫弧度对位点上面的部分，两侧开衩略归后牵条带紧烫实。

（1）面料裁片扣位、拼合对位做记号（图3-3-22）

面料裁片用手缝线做记号。具体部位如下：

① 前衣片：大襟扣位、大小襟弧线对位、省道。

② 小襟：扣位、大小襟弧线对位。

③ 后衣片：省道。

（2）面料裁片归拔、烫牵条定型

拔前肩，归后肩，烫牵条。肩部归拔参照第三章第一节刺绣旗袍做法。

① 小襟定型

a. 小襟肩缝定型（图3-3-23）

小襟反面朝上，将前肩缝轻轻拔开约0.3cm，再烫上牵条。

b. 小襟领圈、门襟止口定型（图3-3-24）

把小襟反面朝上，在领圈、门襟止口等部位烫牵条固定。

c. 小襟定型后的效果（图3-3-25）

① 前衣片做记号

② 小襟做记号

③ 后衣片做记号

◎ 图3-3-22 面料裁片做记号

◎ 图3-3-23 小襟肩缝定型

◎ 图3-3-24 小襟领圈、门襟止口定型

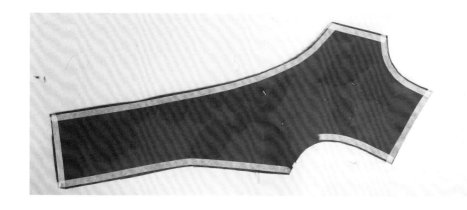

◎ 图3-3-25 小襟定型后的效果

② 后片定型

a. 后片肩缝定型（图3-3-26）

后肩缩归肩缝，一头压实后左手拿牵条悬空带紧肩缝再下压烫实，带紧的量约0.5cm，使归拢的量被含缩在内。袖窿处的牵条只要固定上半部分，到转弯处止。

b. 后片开衩位置定型（图3-3-27）

将开衩位置归烫后，用牵条带紧烫好。

c. 初定型后的后片（图3-3-28）

侧缝处在省道完成后再做归拔处理再牵条定型。

③ 前片初定型（图3-3-29）

其他部位同后片，大襟需要沿着弧度均匀烫牵条，在靠近腋下的弯处，烫牵条的手势也做带紧的状态再压实。锦缎类、提花类的面料，在后覆衬后，面料更为紧实，变形的机率很小。

◎ 图3-3-26 后片肩缝定型

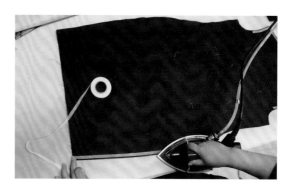

◎ 图3-3-27 后片开衩位置定型

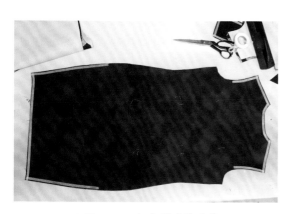

◎ 图3-3-28 初定型后的后片

◎ 图3-3-29 初定型后的前片

（3）里料裁片做记号、归拔、烫牵条定型

里布柔软，制作前可以先拔一下腰节缝头，归拢腹、臀部位的侧缝处，烫上牵条。注意只烫肩缝、领圈、大襟弯弧、侧缝；袖窿弧线不用牵条固定。

① 大身里布裁片省道做记号（图3-3-30①）。

① 裁片省道做记号　　　　　　　　　　　② 臀部侧缝归拢烫牵条

◎ **图3-3-30** 大身里布裁片省道做记号

② 大身里布拔开腰节并在臀部侧缝归拢后烫上牵条（图3-3-30②）。

③ 里布前片和后片定型后的效果（图3-3-31）。

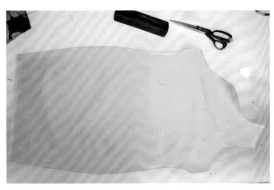 

① 前片定型后的效果　　　　　　　　　　② 后片定型后的效果

◎ **图3-3-31** 里布前片和后片定型后的效果

④ 里布小襟定型（图3-3-32）。

注意小襟除了侧缝、肩缝和领口处理相同外，还需要把前中线、小襟内弧线也烫上牵条。

◎ **图3-3-32** 里布小襟定型

5.缝制小襟

　　各个部件全部准备就绪后，整件衣服的缝纫制作从小襟开始:

（1）袖窿贴边与小襟里布缝合（图3-3-33）

① 缝合时里布在上，袖窿贴边布在下。

② 缝合后的弧线缝头均匀打刀眼，方便贴边翻到正面时弧度线不会扯紧。

③ 缝头倒向小襟里布，烫平。

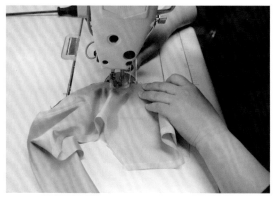 

① 缝合袖窿贴边与小襟里布　　　　　　② 缝头上隔1~2cm均匀剪开刀眼，距离缝线0.3cm

③ 贴边与小襟里布缝合完成

◎ **图3-3-33**　袖窿贴边与小襟里布缝合

（2）小襟面、里布的缝合（图3-3-34）

① 小襟面、里布正面相对，从前中往下经弧线至侧缝缝合。

② 小襟内弧线两层缝头（侧缝线没有缝合）一起修剪至0.6cm。

① 缝合小襟里布与面布　　　　　　　　② 把小襟内弧线两层缝头修剪至0.6cm

◎ **图3-3-34**　小襟面里布的缝合

③ 缝头反止口缉线（图3-3-35）

把小襟的面里分开，缝头拨向里布，与缝头一起缉线0.1cm反止口线。

④ 熨烫止口（图3-3-36）

把小襟翻到正面，熨烫止口。要求整烫平整，注意里布不能反吐，要内缩0.1cm。

◎ **图3-3-35**　缝头车反止口缉线　　　　◎ **图3-3-36**　熨烫止口

⑤ 小襟缝制、熨烫完成的正面和背面效果（图3-3-37）

① 完成后的小襟正面　　　　　　　　　② 完成后的小襟背面

◎ **图3-3-37**　小襟缝制完成图

6.省道的缝制、归拔

　　车缝面布、里布的胸省、腰省。对衣身的省道进行归拔熨烫，使衣片立体以更吻合人体的起伏（接上一步制作不用换线，里布可以先车缝省道）。

（1）里布胸省、腰省缝制（图3-3-38）

①里布胸省缝制　　　　　　　　　　　　　②里布腰省缝制

◎ **图3-3-38** 里布胸省、腰省缝制

（2）面布胸省、腰省缝制（图3-3-39）

① 前片面布胸、腰省的缝制　　　　　　　　②后片面布腰省的缝制

◎ **图3-3-39** 面布胸省、腰省缝制

（3）均分法烫胸省（图3-3-40）

　　均分法是指省道不向一侧烫倒，而是以缉缝线为中心把省道向两边一起压平。提花织物等面料较厚，胸省的中缝剪开距省尖处4cm止，再分缝烫开，避免省道一边过厚而引起成衣省道位置过厚凸起。

① 省道向两边一起推匀　　　　　　　　②用熨斗压烫平服

◎ **图3-3-40** 均分法烫腰省

（4）腰省烫拔和定型（图3-3-41）

车好的腰省往前、后中烫倒。锦缎类面料车省后厚度加厚，如果光是用力拔不动腰省的情况下，需要在腰省的腰节处先打一个刀眼，再向外拔。拔的动作见第一章的归拔示意图，以腰省中间为基点，将熨斗紧紧压住腰节处，一手把住省道的一端"V"字形用力向外拔。

（5）侧缝的牵条烫法需要采取有拔有归的手法

腰节处侧缝用拔烫法，臀围、腹围处的侧缝归烫后烫牵条定型（图3-3-42）。

◎ **图3-3-41** 腰省烫拔和定型

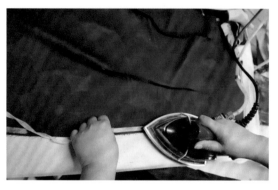

① 前片腹围、后片臀围处侧缝边归烫边用牵条带紧压实

② 腰节处侧缝要拔拉着压烫牵条

◎ **图3-3-42** 腰节处侧缝拔烫，臀、腹围处侧缝归烫后用牵条定型

注意拔完腰部后，面料要自然起浪。

（6）在侧缝腰节处剪刀眼，再次拔烫

在侧缝腰节处打刀眼，距净线0.5cm；用熨斗压住胸下的侧缝位置，左右用力使腰节向衣身中心位置再次拔烫（图3-3-43）。

① 侧缝腰节处打刀眼

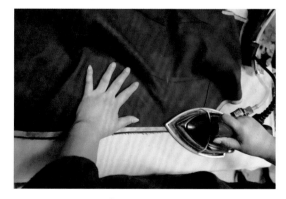

② 再次拔烫侧腰

◎ **图3-3-43** 侧缝腰节处打刀眼，再次拔烫

7. 做领子

此款旗袍的领子与前面不同，领面采用镶边法，因此领子一周都要留1cm缝头。

（1）裁剪领面（图3-3-44）

按设计需要的花型位子，裁剪出领面（领面四周多留出缝头）。

（2）领面烫领衬（图3-3-45）

按领净样剪出领硬衬，对准领面的丝缕，四周留缝头至少1cm，烫在领面布的反面。

（3）修剪领面缝头（图3-3-46）

按领净样线一周毛修一下缝头，略大于1cm（布料较厚，扣烫时会有折边损耗）。

（4）按净样扣烫（图3-3-47）

（5）精确修剪领面缝头（图3-3-48）

再将缝头精确修剪成1cm，要求缝头均匀。

（6）拔烫领面和领里（图3-3-49）

① 先把领里烫上真丝黏合衬。

② 再把领面和领里的领头分别拔烫，使之成为一个合拢的柱状。

◎ 图3-3-44　裁剪领面

◎ 图3-3-45　领面烫领衬

◎ 图3-3-46　修剪领面缝头

◎ 图3-3-47　按净样扣烫

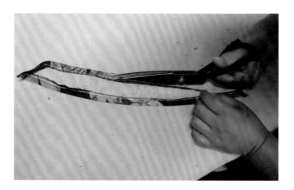

◎ 图3-3-48　精确修剪领面缝头

◎ 图3-3-49　拔烫领面和领里

8. 裁片边缘三线包缝（拷边）

锦缎、提花的面料织法丰富，经常有真丝、人造丝等各种成分，提花织法复杂，裁剪后的裁片边缘很容易泻丝，需三线包缝（拷边）。

整件衣服面、里各部分的裁片均需三线包缝（拷边），见图3-3-50。三线包缝（拷边）时尤其要注意领圈、袖窿等弧线状的边缘，要控制好包缝速度。

① 袖窿包缝

② 侧缝等各边包缝

◎ **图3-3-50** 裁片边缘四线包缝（拷边）

9. 缝合肩缝

（1）分别缝合面、里布的肩缝（图3-3-51）

缝合面、里布的肩缝时，前肩缝在上，后肩缝在下。两手协助的手势：前肩缝要带紧，后肩缝要送，使缝合后的肩缝前紧后松，向前肩窝起。

① 缝合面布肩缝

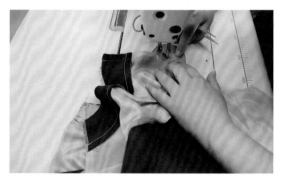

② 缝合里布肩缝

◎ **图3-3-51** 缝合面、里布的肩缝

（2）在烫凳上把肩缝分缝烫开（图3-3-52）

10. 将缝合肩缝后的前后片及小襟半成品套上人台检查

见图3-3-53，将缝合肩缝后的半成品套上人台，大小襟对准后查看肩线是否伏贴，前胸有无起空。接着把因为拼缝时带紧或者送量手势而造成的袖窿弧线、领口弧线曲线略有改变的地方修剪圆顺。

11. 绱花边、镶边、做领子、绱领子

缝制要点：镶边部位需先车好花边再车缝镶边，花边露出的宽窄要均匀。

（1）制作镶边条（图3-3-54）

① 裁剪镶边条。

② 缝制镶边条：换单边压脚，棉绳放在镶边布内，把镶边布对折压脚靠紧，棉绳顶住边缘均匀车线。

③ 修剪镶边条：将镶边条修剪整齐，缝头剪至1cm。

◎图3-3-52　分烫肩缝

① 查看肩缝线、领圈和袖窿、胸部

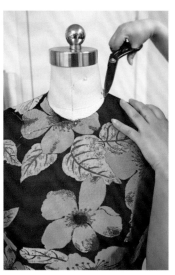
② 修顺领圈和袖窿

◎　图3-3-53　半成品套上人台检查

① 裁剪镶边条

② 缝制镶边条

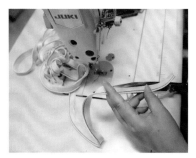
③ 修剪镶边条

◎　图3-3-54　制作镶边条

（2）大襟弧线到领圈先车缝花边再车缝镶边

① 从大襟弧线到领圈按净线车缝花边（图3-3-55），以缉线的位置为界，外露的花边就是设计者需要的宽度。

② 把0.3cm的镶边条放在刚缝好的花边上车缝固定（图3-3-56）。缉线时注意用单边压脚，并紧紧顶住0.3cm镶边线的边缘，保持0.3cm的镶边线粗细均匀一致。在大襟拐弯处棉绳要留点余量，保证不会扯紧弧度。

◎**图3-3-55** 沿大襟弧线到领圈车缝上花边

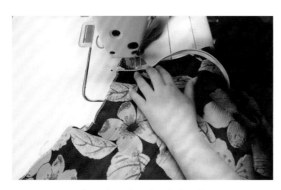

① 从大襟端口处起车缝固定

② 在大襟拐弯处棉绳要送量

③ 车缝到小襟端口，将棉绳头部出1cm修剪掉

④ 把多余缝头折进，回车结束

◎ **图3-3-56** 镶边条放在花边上车缝

（3）领面的外沿先车缝花边再车缝镶边条（图3-3-57）

① 领面车缝花边。将花边正面与领面正面相对，沿领面的外沿先车好花边，花边在领角圆弧处需要推量堆在领面，以确保领角圆弧处的花边翻到正面后圆顺。

② 领面车缝镶边条。镶边条放在领子的花边上车缝固定，注意外露的花边宽窄均匀，圆角处用镊子推一点量，防止领圆角外翻时出现紧绷现象。

① 领面车缝花边转角处要送量

② 车缝镶边条

◎ **图3-3-57　先车缝花边再车缝镶边条**

12. 绱领子

（1）绱领面（图3-3-58）

领面与大身面料正面相对，领面在上，领面的侧颈点、后中点与大身领圈的肩线、后中点对位点对准，按净线缝合。

（2）领里与领面的外沿缝合（图3-3-59）

把领面与领里的领外沿缝合，留出领里的领底不缝合。

（3）大襟面、里布缝合（图3-3-60）

① 大襟面、里布正面相对缝合，里布要略松一点不能扯紧。转弯处需修剪高低缝，打刀眼，使之容易翻过来。

② 熨烫大襟止口。大襟翻到正面，熨烫大襟止口，镶边条一定要均衡的保证0.3cm。

◎ **图3-3-58　绱领面**

◎ **图3-3-59　领里与领面的外沿缝合**

① 大襟面、里布缝合

② 熨烫大襟止口

◎ **图3-3-60　大襟面、里布缝合**

（4）大身里布的领圈与领面绱领缝头缝合后修剪缝头（图3-3-61）

① 把大身的里布领圈与已经缝合的领面缝头缝合。

② 修剪绱领缝头。为使领子装好后不出现缝头过厚，需要把领底缝头修成高低缝。领面缝头只需要修剪整齐，保持1cm，领里缝头修剪成0.6cm，中间的花边和棉绳的缝头修剪成0.3cm左右就够了。

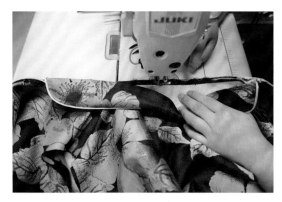 

① 里布领圈与领面绱领缝头缝合　　　　　　② 修剪绱领缝头

◎ **图3-3-61**　里布领圈与领面绱领缝头缝合后修剪缝头

13. 半成品第二次套上人台检查（图3-3-62）

大襟和领子缝制后，将半成品旗袍套上人台再次检查各部位的缝制质量，如有瑕疵则需要调整，并进行整烫。

① 立体喷烫前身大襟　　　　　　② 烫后身背部

◎ **图3-3-62**　第二次套上人台检查

14. 缝合侧缝、开衩位置的面里布

（1）分别缝合侧缝面、里布（缝合侧缝前要量一下前后片各部位的尺寸是否准确）。

缝合面布侧缝到开衩位置（图3-3-63）。

① 缝合面布小襟与后片的侧缝。

② 缝合面布不开襟一侧的侧缝。

① 缝合小襟与后片的侧缝

② 缝合不开襟一侧的前后侧缝到开衩位置

◎ **图3-3-63** 缝合面布侧缝

（2）复量尺寸（图3-3-64）

复核测量成衣的胸围、腰围、臀围尺寸，确认无误后再缝合里布的侧缝。腰围有腰节刀眼比较容易找到位置测量，胸围需要拉紧后沿胸部弧线测量，臀围则要在后片腰省省尖下3cm处测量。

① 胸围尺寸测量

② 臀围尺寸测量

◎ **图3-3-64** 复量尺寸

（3）缝合里布侧缝（图3-3-65）

里布侧缝的缝合方法与面布侧缝的缝合方法相同。

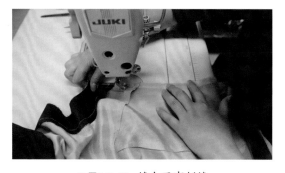

◎ **图3-3-65** 缝合里布侧缝

（4）里布底摆的处理（图3-3-66）

里布底摆卷边1cm（面布的底摆要等花边、镶边条完成后再做贴边）。

（5）分缝烫开面、里的侧缝（图3-3-67）

15.半成品第三次套上人台检查

将半成品旗袍第三次套上人台检查，观察侧缝线吻合程度（大襟一侧的镶边是半成品，需对准各对位点，查看造型线状况），修顺袖窿弧线，归烫两侧开衩部位。

① 查看侧缝线的吻合程度（图3-3-68）。

① 蒸汽熨烫定位两侧开衩处（图3-3-69）。

③ 修剪圆顺袖窿弧线（图3-3-70）。

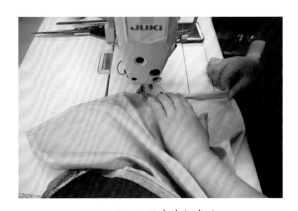

◎ 图3-3-66 里布底摆卷边

① 分烫面布缝份

② 分烫里布缝份

① 图3-3-67 分缝烫开面、里的侧缝

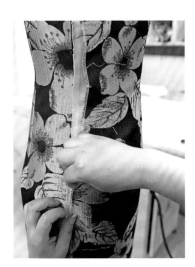

◎ 图3-3-68 查看侧缝线的吻合程度

◎ 图3-3-69 蒸汽熨烫定位两侧开衩处

◎ 图3-3-70 修剪圆顺袖窿弧线

16. 缝制开衩及底摆

缝制顺序：面布的开衩及底摆车缝花边→在花边上放上镶边条缝合→缝合开衩处的面、里布→修剪缝头→翻到正面熨烫开衩及底摆→此部分制作完成。

（1）面布的开衩及底摆车缝花边

把面料开衩前后片拨开，从开衩的起始处沿开衩边缘放上花边，按要求预留花边宽度，按"前片开衩起始点→前片开衩→前片底摆→前片另一侧开衩线→后片开衩→后片底摆→后片另一侧开衩线→至开衩点结束"的顺序一周车缝固定花边。

① 从开衩的起始点沿前片开衩线放上花边开始缝制（图3-3-71）。

② 开衩与底摆转角的花边缝制（图3-3-72）。缝至开衩与底摆转角处，折90°再继续车缝底摆。

◎ **图3-3-71**　花边从前片开衩点开始缝制

① 转角处花边折90°

② 继续车缝底摆

◎ **图3-3-72**　开衩与底摆转角的花边缝制

③ 花边车缝至另一侧开衩位置（图3-3-73）。注意花边从一侧开衩转到另一开衩时要顺畅。

◎ **图3-3-73**　花边车缝至另一侧开衩位置

④ 旗袍开衩点处花边结束折角处理（图3-3-74）

开衩点的位置，前后片两侧花边一般都需要超出开衩点2~3cm，具体的超出量可以按照花边的宽度、设计的需要而定。把花边的顶端做折角，高低对准再缝合在一起。

（2）在花边上放置镶边条缝合（图3-3-75）

① 在花边上放置0.3cm镶边条，沿花边一周缝合。镶边条留出余量超过开衩点2~3cm。做法与大襟、领圈的制作方法一致。

② 开衩底摆的转角点处，镶边条要多推一点量，这样做出来角才顺直。

◎ **图3-3-74** 开衩点处花边结束折角处理

① 花边上放置0.3cm镶边条缝合

② 开衩与底摆转角处镶边条要推送

◎ **图3-3-75** 在花边上放置镶边条缝合

（3）缝合开衩处的面、里布（图3-3-76）

① 缝合开衩、底摆的贴边。

② 修剪缝头。先把缝头一起修剪至0.6cm，再把面、里布缝头之间的镶边条的缝头再修窄一些。

③ 两侧开衩部位的里布与面布缝合起来。

缝合注意点：缉线时里布要松一点，不能扯紧面布以免起吊。

① 缝合下摆的贴边

◎ **图3-3-76**① 缝合开衩处的面、里布

② 修剪下摆缝头

③ 开衩两侧面布与里布的缝合

◎ **图3-3-76**② 缝合开衩处的面、里布

④ 在最靠近底摆贴边处的里布宽度要略小于底摆的宽度，这样就可以使成衣的旗袍底摆略向内窝进，从而使旗袍在穿着后开衩处如贝壳一般呈向内关拢状。

（4）翻到正面熨烫开衩及底摆（图3-3-77）

把开衩翻到正面，里布朝上压烫两侧开衩、底摆贴边。熨烫时要保持里布略向内拔进，防止里布反吐。从图片上明显可以看到两开衩边缘的里布是松的，底摆处两个角又是绷紧的。

① 压烫两侧开衩

② 熨平压实底摆贴边

◎ **图3-3-77** 翻到正面熨烫开衩及底摆

（5）整烫全身镶边（图3-3-78）

衣服面料朝上放烫台上，开吸风，在正面对全身的镶边进行整烫定型。达到镶边条粗细均匀，花边与镶边条距离宽窄一致，下摆角度相同，长短一致。

① 镶边条按照侧缝不同部位的归拔要求熨烫

② 开衩及下摆熨烫

◎ **图3-3-78** 整烫全身镶边

（6）套上人台检查缝制质量（图3-3-79）

将半成品再次套上人台，用大头针固定好各个部位，观察各部位的缝制质量。本款因面料比较硬挺的原因，为防止开衩前后不一致，需要着重对开衩部位喷烫，对前后底摆的造型进行细节调整。

17. 无袖袖隆镶边操作

① 检查袖隆（图3-3-80），修剪不圆顺的细节部位。

① 用大头针固定好侧缝观察　　　② 开衩部位喷烫

◎ **图3-3-79** 套上人台检查缝制质量

将衣身再检查一次，要求袖隆弧度圆顺，已经车好贴边的袖隆里布不翻吐。

② 面布袖隆一周车缝花边（图3-3-81）。把衣服翻到反面，在袖隆面布车缝花边一圈，花边按照需要外露多少的距离计算好，沿净线从袖隆侧缝处开始均匀缉线一周。

◎ **图3-3-80** 检查袖隆

◎ **图3-3-81** 面布袖隆一周车缝花边

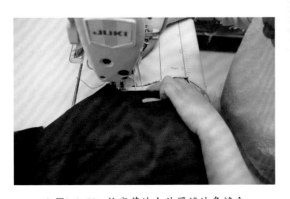

◎ **图3-3-82** 袖隆花边上放置镶边条缝合

③ 袖隆花边上放置镶边条缝合（图3-3-82）。在袖隆花边上放置镶边条，与袖隆缝头边缘对齐，用单边压脚均匀缉线一周。

④ 袖窿面、里布缝合（图3-3-83）。袖窿面、里布正面相对，里布在上、面布在下，慢慢转圈把袖窿缝合一周，然后把缝头修齐到0.5cm左右。

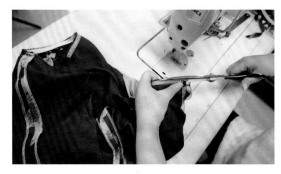

① 袖窿面、里布缝合   ② 修剪缝头

◎ **图3-3-83** 缝合袖窿面、里布

⑤ 翻掏袖窿并比对（图3-3-84）。袖窿缝头一周每隔2cm左右打刀眼，方便翻出面布后缝头不扯紧，袖窿圈不起扭，翻到正面后，检查左右袖窿的镶边条，要保证镶边条粗细均匀，左右袖窿尺寸大小一致。

① 袖窿缝头一周打刀眼   ② 左右袖窿大小一致

◎ **图3-3-84** 检查袖窿

⑥ 熨烫袖窿（图3-3-85）。

a. 把袖窿套进烫臂，沿着烫臂的弧度边转动袖窿边喷烫，保证面布外露0.3cm镶边条均匀圆顺，花边镶边接头处烫平压实。

① 袖窿套进烫臂熨烫   ② 花边镶边接头处烫平压实

◎ **图3-3-85** 熨烫袖窿

b. 熨烫袖窿贴边，把衣服翻掏到里面，把袖窿贴边内拔进0.1cm，熨烫压实袖窿贴边，防止止口翻吐（图3-3-86）。

① 用力把贴边向内拔进0.1cm

② 袖窿贴边及镶边条烫平压实

◎ **图3-3-86** 熨烫袖窿贴边

⑦ 整烫肩部、领圈（图3-3-87）

整烫袖窿周边的小襟、肩部及领圈部位，使衣服各部分伏贴。

18. 手工缲缝固定领里的领底线

① 手工缲缝固定领里的领底线（图3-3-88）。从小襟这端的领头开始起针，用单线缲缝领面与大身的里布固定。方法见《高定旗袍手工工艺详解》中手工缲边法。

② 缲缝后观察领子的弧度是否左右对称一致（图3-3-89）。

③ 再次用蒸汽压烫调整领口接头等处较厚的部位（图3-3-90）。

◎ **图3-3-87** 整烫肩部周围、领圈

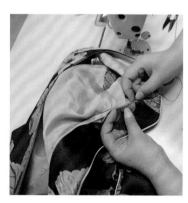

◎ **图3-3-88** 手工缲缝固定领里的领底线

◎ **图3-3-89** 观察缲缝后领子的弧度左右对称一致

◎ **图3-3-90** 再次压烫领口

19. 人台试穿

（1）人台试穿对位（图3-3-91）

将缝制完成的半成品旗袍穿在人台上试穿，对大小襟记号线，前后片扣位进行对位检查，在对位时若发现问题需重新调整定位。

  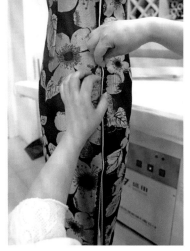

① 比对领圈及大小襟弧线扣位　② 大襟对位点到腰节对位点比对　③ 腰节到开衩位的比对

◎ **图3-3-91 人台试穿对位**

（2）半成品完成图（图3-3-81）

① 半成品正面　　　　　　　② 半成品背面　　　　　　　③ 半成品侧面

◎ **图3-3-92 半成品完成图**

20.扣位及扣距

旗袍制作好后需要画好扣位，确定好扣位的距离和角度后再钉缝扣子。

（1）旗袍常见扣位名称（图3-3-93）

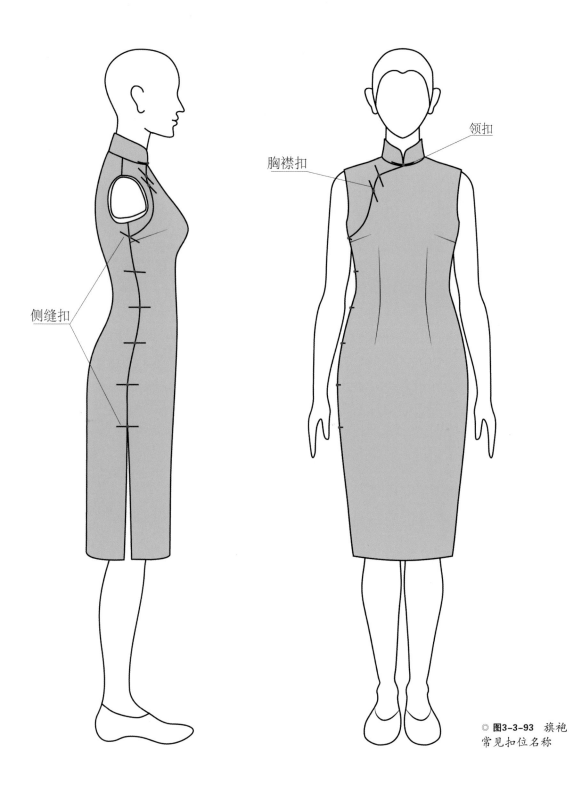

领扣

胸襟扣

侧缝扣

（2）扣位

① 领子三对扣各相距1.5cm；

② 胸襟两对扣相距4~4.5cm（图3-3-94）；

③ 大襟第一对扣位要画在大襟与侧缝夹角的角平分线位置（图3-3-95）；

④ 腰节上的扣子因胸和肩胛骨起翘的原因，头略朝上；

⑤ 腰节线下的扣子画平。

做完手工，一件漂亮的旗袍就完成了。

高定旗袍不仅在样板上符合人体尺寸，在制作细节上也充分考虑了人体的运动和习惯，一块块面料经由设计者、制作者的巧思妙想变幻出无数种美丽的造型和细节，丰富着女性的生活。

◎ **图3-3-94** 画胸襟扣位

◎ **图3-3-95** 画大襟第一对扣位

第四节　丝绸旗袍的洗涤与保养

旗袍多选用丝织面料，合理的洗涤、保养可以使一件旗袍形态保持良好，也能穿得更为长久。

一、丝绸旗袍的的洗涤

丝绸旗袍比较娇嫩，建议干洗。夏天经常穿着的耐洗真丝旗袍，用真丝洗涤剂和水调开轻柔手洗亦可。

二、丝绸旗袍的保养

① 蚕丝属于天然纤维，要避免因保养不当产生泛黄、霉烂、虫蛀等损坏。

② 衣物应在通风、干燥及无强光照射的地方保存。

③ 香水不可直接喷在面料上。

④ 衣物尽量挂起收藏，不要折叠压实存放。

⑤ 浅色衣物不能放在樟木箱中，以免引起泛黄发脆。

第四章
旗袍欣赏

随面料和款式的不同，旗袍既能在日常穿着，还能在重要的礼仪场合穿着，线条裁剪恰当的旗袍，同时也可修饰体型的不足，展现东方女性端庄美好的仪态。

笔者从业数十年，深切感受无论是服装材料、制作设备、还是洗涤条件等随科技的发展日渐先进。笔者除了研究传统工艺，也一直致力于将传统旗袍与先进织造材料、当代女性审美的结合，设计制作了许多旗袍。

随着中华传统文化的传播、发扬和保护，年轻的一代对传统文化更深深喜爱，诗词歌赋、音乐绘画、传统工艺、民间风俗等都被很好地传承和保护起来。传统服饰不再是简单的古老物件，而是我们几千年文化发展历史的一个载体。旗袍这个改变千百年女士穿衣文化、谈不上古老也不算年轻的服饰日渐进入我们现代的生活和工作中。我们工作室也借着这东风，借着目前穿着群体数量日渐变大，工作环境渐渐改善，陆续保存了部分客户的旗袍资料。

下面我们展示近几年制作中的部分作品。

◎ **图4-1-1** 手绘孔雀蓝可脱卸单披肩式长款改良旗袍

◎ **图4-1-2**　织锦大象纹旗袍

◎ **图4-1-3**　印花重绉古典纹样旗袍

◎ **图4-1-4**　中式青花欧根缎旗袍

◎ **图4-1-5**　黑底白百合欧式纹样旗袍

◎ **图4-1-6** 深蓝色重缎玉兰刺绣旗袍

◎ **图4-1-7** 水蓝色水滴领刺绣旗袍

◎ **图4-1-8** 对称手织纹样长袖旗袍

◎ **图4-1-9** 传统面料改良绿色鸳鸯
间隔边旗袍

◎ 图4-1-10　精纺羊毛格子全开襟旗袍

◎ 图4-1-11　改良缎面插肩袖小礼服式旗袍

◎ 图4-1-12　红色友禅暗纹喜庆旗袍

◎ 图4-1-13　传统牡丹苏绣刺绣旗袍

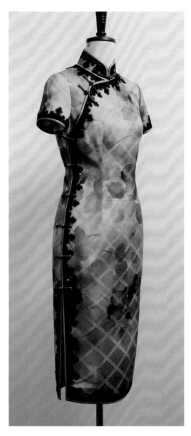

◎ **图4-1-14** 扎染面料蕾丝花边全开襟旗袍

◎ **图4-1-15** 腰部淡金线缂丝镶蕾丝花边旗袍

◎ **图4-1-16** 藤黄花罗双开襟连肩传统旗袍

◎ **图4-1-17** 凤穿牡丹盘金打籽刺绣旗袍

◎ **图4-1-18**　粉色丝绒落肩袖旗袍

◎ **图4-1-19**　墨绿配色暗红镶边改良旗袍

◎ **图4-1-20**　秋冬浅灰白色羊毛滚边加花边旗袍

◎ **图4-1-21**　秋冬水绿色羊毛全开襟旗袍

◎ **图4-1-22** 粉色薄人字呢旗袍

◎ **图4-1-23** 孔雀蓝毛呢料梅花造型门襟旗袍

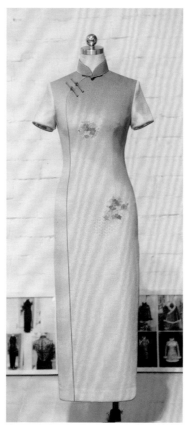

◎ **图4-1-24** 友禅手绘无袖花扣旗袍

◎ **图4-1-25** 渐变染友禅料刺绣旗袍

◎ **图4-1-26**　手绘花鸟友禅中袖旗袍

◎ **图4-1-27**　花鸟画加撒盐点缀法
友禅旗袍

◎ **图4-1-28**　白色重绉连肩袖长旗袍

◎ **图4-1-29**　手工盘花真丝香云纱
旗袍

◎ **图4-1-30** 扎染图案真丝面料装饰流苏旗袍

◎ **图4-1-31** 扎染图案宽滚边压蕾丝花边真丝开襟旗袍

◎ **图4-1-32** 小拖尾旗袍式礼服

◎ **图4-1-33** 刺绣旗袍鱼尾礼服

◎ **图4-1-34**　古式裁剪法刺绣棉旗袍

◎ **图4-1-35**　连肩裁法旗袍

◎ **图4-1-36**　墨绿镶如意纹古式做法旗袍

一部分穿着工作室设计制作旗袍的客户朋友的图片展示。

◎ 图4-1-37 白色刺绣友禅旗袍

◎ 图4-1-38 羊毛长袖旗袍

◎ 图4-1-39 立体提花长旗袍

◎ 图4-1-40 藤黄花罗连肩袖旗袍

◎ **图4-1-41** 大红刺绣乔其纱连肩袖旗袍

◎ **图4-1-42** 手绘真丝桑波缎旗袍

◎ **图4-1-43** 乔其刺绣镶花边旗袍

◎ **图4-1-44** 真丝剪花绡七分袖旗袍

后　记

　　本系列丛书是作者多年定制工作中解决不同体型的女性在旗袍穿着时出现的各类问题和制作过程中各种工艺处理方法经验的汇集，本书既是对自己多年工作的总结，也是为初入行者或热爱旗袍工艺的同道们一些初浅的释疑。

　　历时四年之久，写写停停，停停写写，中间经历疫情时期的困顿，经历文本和图片的反复修改、补充、校正。在本系列丛书的编撰过程中得到了我大学时代的老师、公司同事、学员等众多人员的帮助和指正。在此感谢浙江理工大学鲍卫君老师的多次斧正；感谢公司版师万娟，助手丁飞炎，样衣师张雪晴，员工夕越、陈哥来和郭唱等为完成本书的辛勤付出；感谢几年来一直给我这个写书新手支持和鼓励的出版社编辑！感谢所有人的共同坚持和付出！

　　本系列丛书包括《高定旗袍手工工艺详解》《高定旗袍制版技术》《高定旗袍缝制工艺详解》，全书文字配合图片进行内容详解，内容之广，反复修改时间之耗，远远超出写书初期的想象。如今新书终于面世，墨迹馨香。但书中肯定有不少漏缺与错误之处，恳请各位南北同行指正，让其更完善。让我们大家一起努力为国内旗袍高定事业的发展添砖加瓦。

编　者